시월의 담。

살림북

시월의 담。
살림북

살림하는 여자들이 가장 훔쳐보고 싶은
'시월의 담'의 소소한 살림살이

김홍덕 지음

비타북스

Prologue

그땐 몰랐다. 좋아하는 일이 살림이 될 줄은

나는 갑자기 '전업주부'가 되었다.
아무런 준비도 되어 있지 않은 상태에서 아무 관심도 없던 일이
내 일이 된 것이다. 청소는 귀찮고, 정리정돈은 해도 티도 안 나고,
살림하는 데 쓰는 시간은 낭비 같고, 기꺼이 바친 나의 수고는
대부분 무의미하다고 느껴졌다.

사실 살림은 권태롭고 단조로운 순간들이 많다.
하지만 그 와중에도 때때로 낭만적이고, 때때로 행복한 순간을 선물한다.
바람, 햇살, 그림자, 기분 좋은 촉감과 적당한 온도, 좋은 냄새 같은 것들.
너무나 일상적이지만, 그래서 더 정겹고 더 특별하다.
살림이 근사한 이유다.

한때 살림은 누구나 할 수 있는 그저 그런 것이라 여겼다.
그땐 몰랐다. 좋아하는 일이 살림이 될 줄은.
살림을 산다는 것이 얼마나 고맙고 행복한 일인지.

삼시 세끼

어렸을 때부터 '밥을 짓는다'라는 말을 좋아했다.
옷을 짓고, 건물을 짓고, 글을 짓고, 이름을 짓고,
웃음을 짓는 것처럼 '밥을 짓는다'라는 것은 대단히 멋지고
의미 있는 일이라고 생각했다.

밥을 짓고 담아낼 때면 마음이 깃든다.
아이가 아프지 않고 무럭무럭 자라기를 바라는 마음,
우리 가족 모두 행복한 하루가 되기를 바라는 마음,
사랑하는 마음, 존경하는 마음, 미안한 마음, 고마운 마음을
몰래몰래 함께 퍼 담는다.
밥을 짓고 담고 차리고 먹인다는 것은
어쩌면 내 마음을 주는 일이다.

STAUB

이유 있는 커피 한 잔, 차 한 잔

본격적으로 어떤 일을 시작하기 전, 마음을 다잡고 싶을 때
이유 있는 게으름을 죄책감 없이 부리고 싶을 때
헛헛한 마음을 채우고 싶을 때
한 잔을 찾는다.

한 잔 마시고 나면 무언가를 시작하기에 좋은 시간이 된다.
몸은 따스해지고 기분은 상쾌해지며
나른하게 풀려있던 마음은 고취된다.
이거면 됐다.

시월의 담

담이는 시월에 태어났다.
몇 년을 애타게 기다렸던 아이였다.
아이와 함께하는 매 순간은 새롭다.
엄마가 해야 하는 일에 익숙해질 때면
어느새 자란 아이 덕분에 또 다른 역할들이 주어진다.
아이와 엄마는 그렇게 함께 자란다.

너는 어떤 모습으로 자라게 될까?
나는 너에게 어떤 엄마가 될까?
사랑받을 줄 알고, 사랑할 줄 아는 아이로 자라고 있는 네가 고맙다.
작은 순간도 행복해할 줄 아는 네가 고맙다.
이런 너의 엄마일 수 있어서 고맙다.

집과 나, 우린 제법 닮아가는 중입니다

집에 오면 단추가 대롱대롱 간신히 달린 낡은 파자마를 입고
적당히 헤진 슬리퍼를 신는다. 잘 보이려 애쓰지 않아도 되는 곳,
타인의 시선에서 벗어나 진짜 나일 수 있는 곳,
세상으로부터 안전하게 숨을 수 있는 곳, 바로 집이다.

나는 셀프 인테리어가 가진 애틋함과 친밀감, 따스함을 안다.
셀프 인테리어와 셀프 홈스타일링의 어설픔까지 사랑하게 된 건
몇십 년 전 아빠가 만들어준 허름하고 딱딱한 나무 침대 위에서
매일 밤 꾸었던 예쁜 꿈들 덕분이다. 잘 찾아보면 낡고 오래된
우리 집에도 예쁜 구석이 하나쯤은 있다. 못생긴 공간이라도
조금만 가꾸면 낭만이 깃든 공간으로 바뀐다.

이사를 한 뒤로
천천히 느리게
이곳저곳을 손본다.
손길과 눈길과 시간과 마음이 머문다.
집과 나는 많은 것을 공유하고 그만큼 닮아간다.
무엇이 필요하고, 필요하지 않을까?
끊이지 않는 선택들이 줄지어 기다리고 있는 즐거운 나의 집이다.

그리고, 당신

필요할 때 들춰보는 실용서 한 권,
읽고 나면 왠지 공허해지는 책 한 권이 되고 싶지는 않다.
나는 그저 애쓰지 않아서 더 빛나던, 우리를 툭툭 건드리는
일상의 어떤 순간들을 이 책에 담고 싶었다.
조용히 곁을 내어주고, 끝없는 일상 속 무기력한 순간들을
다독여주는 그런 책이었으면 좋겠다.

내가 담고 싶었던 건
내가 닮고 싶은 당신의 어떤 모습이었는지도 모르겠다.
단 한 글자라도 당신의 마음에 가닿을 수 있다면
나는 몹시 행복할 거다.

다디단 사탕을 양손에 한 움큼 쥐고,
다 먹고 싶은 마음을 꾹꾹 참으며 아껴먹는 아이처럼
양손에 책장을 쥐고 넘기고 싶은 마음을 꾹꾹 참으며
아껴서 읽고 싶은 책이 되었으면 좋겠다.
아껴 읽히고 싶다.
다 읽고 나서도 그대의 책장에 꽂혀 있는 책이 되고 싶다.
이 책 한 권에 수많은 손자국을 내어주고
시선을 내어주고 시간을 내어준 당신에게,
감사한 마음을 담아.

CONTENTS

Prologue

1 머물고 싶은 곳, 부엌

Kitchen

Recipe

2 펼쳐 놓은 레시피북

3 취향을 담다, 셀프 인테리어

Interior decoration

아이 방_ 담이의 다락방

작은방_ 서재 겸 작은 스튜디오

침실_ 결국, 쉼

4 느는 살림, 수납과 청소

Housekeeping

비움과 채움_ 수납

닦고 또 닦고_ 청소

Kitchen 1

머물고 싶은 곳, 부엌

깃들다,
나를 기꺼이 받아주는
부엌에

해가 늦잠을 자는 겨울이면 부엌에 불을 켜는 것으로,
여름이면 선풍기 버튼을 눌러 눅눅한 공기를 날리는 것으로
부엌에서의 소꿉놀이가 시작된다.

햇볕 냄새 머금은 앞치마를 목에 두르고 달달한 인스턴트 커피를 홀짝인다.
조금만 더 있다가 불린 쌀을 안쳐야지.
식탁 의자에 앉아 오른쪽으로 고개를 돌리면 거실이 한눈에 들어오고,
왼쪽으로 고개를 돌리면 커다란 창이 눈에 들어오는 부엌은
내가 있기 좋은 곳이다.

햇살이 네모난 창 안으로 쏟아져 들어오는 날만큼은
빠릿빠릿한 사람이 되어야 한다.
해가 구름 뒤로 숨기 전에 해야 할 일이 많은 탓이다.
나무 도마를 볕 잘 드는 곳에 잠시 내어놓고 바람 구경,
햇살 구경을 시켜준다.
행주를 폭폭 삶고 탁탁 털어 바람이 솔솔 부는 곳에 넌다.
어두컴컴한 그릇장 안에 있던 그릇들을 꺼내 일광 소독을 한다.
스테인리스 도구들도 모두 꺼내 반짝반짝 삶아
볕 좋은 곳에 늘어놓는다.

물건들 대신 쏟아지는 햇살 안에 내가 들어가는 날도 있다.
양손으로 무릎을 가슴까지 바짝 끌어안고 앉아 광합성을 한다.
기분 좋은 빛이 마음까지 퍼지는 찰나,
부엌에서의 평화로운 아침이 행복하다.

부엌에서 하는 일은 육체적으로, 정신적으로 힘들 때가 많다.
그러나 적지 않은 부엌의 시간은 다디단 레몬청으로, 딸기잼으로,
잘 익은 고추장아찌로, 잘 마른 행주로, 깨끗한 나무 도마로,
이처럼 단정한 살림으로 증명된다. 부엌은 지난 시간이 쌓여 있는 곳이다.

깜깜한 밤이면 나는 이곳에 앉아 글을 쓴다. 변덕쟁이인 까닭에
매일매일 다른 스탠드가 식탁 위에 오르지만 노트북 근처에서
내 손을 비추는 것만은 같다.
먹먹히 내 할 일을 한다. 부엌은 재촉하지 않으니,
그곳에 더 깊숙이 머물게 된다.

아침부터 밤까지의 시간들이 아늑하게 서려 드는 곳, 부엌.
나는 오늘도 부엌에 깃든다.

인연
아니 물연

하루는 그릇 정리를 했다.
닳을까 아까워 써보지도 못했던 찻잔과 티포트를 닦은 김에 차를 마셨다.
사진을 찍기 위해 수없이 꺼냈지만 진짜 차를 우려 마신 건 그날이 처음이었다.
우린 만난 지 몇 달 만에 처음으로 진짜 관계를 만들었다.
그릇장을 장식하고 있을 때보다 몇 곱절은 더 와닿았다.
진짜 내 것이 된 것 같았다.
인연, 아니 물연(物緣)이었다.

어느 작가의 멋진 소반을 잊지 못해 이따금씩 앓던 나를 위한 선물.
소반을 사용할 때면 작품을 보던 순간의 감정이 어른거릴 때가 있다.
언젠가는 그 작가의 작품을 소장하고 싶다. 그 옆에는 이 소반이 함께할 거다.

엄마의 안목으로 고른 나의 첫 신혼 식기, 코렐.
추운 겨울, 10인조 세트를 커다란 봉투 4개에 나누어
엄마와 이고지고 힘들게 가져왔다. 무거운 봉투를
겨우 쥐고 있던 맨손은 추위에 익숙해질 줄을 몰랐다. 코렐에 음식을 담을 때면,
그날의 고생담이 무용담처럼 흘러나와 끊어진 이야기를 잇는다.

귀한 손님이 올 땐 귀한 대접을 해야 한다는 엄마의 강권으로
구입했던 크리스털 컵. 몇십 pcs의 구성이었지만 양주잔, 물잔 등은
부담스러울 정도로 화려해서 꺼내놓지도 못하고 창고 어딘가에 있다.
겨우 살아남은 와인잔 두 개에는 가끔 와인을 담는다.
맛 모르던 와인은 늘 이 잔에 담겨 있었다.

Bowl & Plate

열어둔 그릇장

그릇 정리하기
좋은 날

햇살도 좋고 바람도 좋고 기분도 좋은 날.
그날은 그릇을 정리하기에도 좋은 날이다.

신혼 초부터 계절이 바뀔 때마다 그릇을 교체하고 있다.
기준은 두루뭉술하지만 대개 여름에는 얇은 흰 그릇과
유리 그릇이, 겨울에는 눈을 닮은 흰 그릇과 도기, 석기가,
봄에는 화려하거나 사랑스러운 그릇이,
가을에는 채도가 낮고 투박한 그릇이 자주 식탁에 오른다.
그릇을 정리할 때면 자주 사용하지 않은 그릇을 일부러 앞쪽에
두기도 한다. 모든 그릇은 쓰임을 받아야 비로소 가치가
있다고 생각해서다. 좋아하고 아끼는 그릇일수록
더 자주 사용한다. 불에 그을린 흠집이나 짙은 스크래치에는
마음 아파하지 않는다. 그만큼 더 자주
우리 가족의 식탁에 올랐다는 이야기니까.

THE
BIRDS
OF BRITAIN

갖고 싶은 그릇
갖고 있는 그릇

무엇을 사야 할지 모르겠지만, 나는 예쁜 그릇이 갖고 싶었다.
'예쁘다'의 기준은 모르겠지만, 마냥 갖고 싶은 그릇은 많았다.
안목 없는 사람처럼 보이는 것이 싫어 유행 따라
그 시기를 풍미하는 그릇을 사들였다.
그러나 유행이 시들해지면 금세 내 관심 밖이 되곤 했다.
물건 구매에 옳고 그름은 없다. 취향대로 선택하면 되지만,
도통 '나의 취향'이 뭔지 모르겠다면 가장 베이직한 그릇이 옳다.
흰 그릇에 특유의 패턴이 없는, 착하게 생긴 그릇.
나의 경우는 그러했다.

우리 그릇

매일 사용하기 가장 좋은 그릇은 아마 우리 그릇일 것이다. 한식을 가장 잘 품는 건 한식기니까. 우리네 상차림에 맞게 밥공기, 국대접, 밑반찬을 정갈하게 담을 작은 접시, 종지 등 종류가 다양하다. 불고기, 닭볶음탕 같은 메인 요리를 담을 수 있는 둥근 형태의 우묵한 그릇이나 생선구이를 예쁘게 담을 수 있는 길고 평평한 접시도 갖추면 좋다.

나는 투박하고 거칠며 비정형적인 라인으로 매력을 뽐내는 진묵도예 그릇을 주로 사용한다. 광주요, 이도, 화소반 브랜드의 그릇도 일상에서 사용하기 좋다. 4인조 이상의 홈세트를 원한다면 단단하고 친근한 맛이 있는 한국도자기, 젠한국, 행남자기 브랜드를 추천한다. 오덴세, JAJU, 메이스는 심플하고 단정해 우리나라 브랜드지만 양식기로도 활용도가 높다.

추천 브랜드 & 쇼핑몰

진묵도예, 광주요, 이도, 화소반, 지승민의 공기, 우일요, 김선미그릇, 김성훈도자기, 문도방, 정소영의 식기장, 차오라, 하울스홈, 목련상점, 도자기앤, 디자인도씨, JAJU

서양 그릇

안쪽까지 신경을 많이 쓰거나 전체적으로 화려한 디자인의 그릇이 많다. 서양 그릇을 구입할 때는 넓고 평평한 접시, 중간이 약간 들어간 타원형의 접시, 뚜껑이 있거나 손잡이가 달린 깊은 수프 볼, 림이 넓은 큰 사이즈의 파스타 볼이 활용도가 높다. 때때로 우리 음식을 담기에도 좋다. 평평한 접시에는 생선구이나 물기가 없는 요리, 수프 볼에는 볶음밥이나 국, 파스타 볼에는 국물이 자작한 요리를 담아낼 수 있다.
오븐 요리를 할 때 나는 르크루제 그릇을 즐겨 사용하는 편이다. 표면에 약간의 오일을 바르는 것만으로도 눌어붙지 않아서 좋다. 브런치를 담거나 화려한 식탁을 연출할 때는 까르투하 그릇들을 꺼낸다. 단 한 점으로 존재감을 나타내고 싶을 때는 푸른색의 패턴으로 우아함을 갖춘 로얄코펜하겐 그릇을 사용한다.

추천 브랜드 & 쇼핑몰

르크루제, 까르투하, 로얄코펜하겐, 스칸디나비안디자인센터, 이노메싸, 챕터원, 루밍, 르위켄, 편집샵w101, 남대문 그릇도매상가, 이태원 빈티지 골목

일본 그릇

아무 무늬도 없는 절제된 멋의 흰 그릇부터 담담한 패턴을 지닌 그릇, 알록달록 화려한 문양의 그릇, 작고 아기자기한 그릇까지 퍽 다양하다. 일식을 담을 때는 물론 디저트나 브런치를 담을 때도 활용도가 높다. 예쁜 식탁을 만들어내는 사랑스러운 그릇이기도 하다. 중간 크기의 꽃잎 모양 접시는 식탁에 리듬감을 준다. 일본 특유의 패턴이 그려져 있거나 동글동글한 선 또는 직선이 잔뜩 새겨진 커다란 접시는 음식을 담으면 입체감이 살아난다. 독특한 모양이나 패턴의 우동기는 면 종류의 한 그릇 음식을 담기에 좋고, 절제된 아름다움이 있는 심플한 그릇은 단정한 식탁을 만들어준다. 일본식 나무젓가락과 특유의 둥글넓적한 스푼도 갖추면 일본 그릇과 함께 두고두고 잘 사용하게 된다.

추천 브랜드 & 쇼핑몰

와후재팬, TWL-shop, 키친툴, 오이시이키친, 밀커블, 카페앳홈, 디애플하우스, 살림가게

유리 그릇

날이 더워지기 시작하면 겨우내 찬장 구석에 그득히 채워져 있던 유리 그릇을 몽땅 꺼내 닦고, 또 닦는다. 빛에 반사되어 반짝이는 영롱한 빛은 혼자 보기 아까울 정도다. 개미창고에서 우연히 발견한 골드림을 두른 유리 그릇은 내가 잘 사용하고 있는 그릇 중 하나다. 무늬가 짙은 유리 그릇은 화려하고, 무늬가 없는 유리 그릇은 더없이 심플하다. 골드림 유리 그릇의 묘미는 여러 장 겹쳤을 때 나타나는 아름다움이다. 레이어링 하는 재미가 쏠쏠하다. 와후재팬의 유리 그릇에는 디저트를 담는 날이 많다. 일본 특유의 느낌이 살아 있는 유리 그릇과 섬세한 디자인의 유리 그릇은 디저트를 담았을 때 더욱 빛을 발한다.

추천 브랜드 & 쇼핑몰

이딸라, 파이렉스, 보덤, 하리오, 나흐트만, 라로쉐, 개미창고, 와후재팬

나무 그릇

화려함과는 거리가 멀지만, 결코 초라하지 않은 나무 그릇이 좋다. 여러 점을 모아서 올려놓아도 복잡하지 않다. 조용하고 단정한 기품 때문이려나. 나무 그릇엔 차가운 것을 담아도 따스하다. 초록 채소를 담으면 더 싱그러워 보인다. 그래서 샐러드 볼로 나무 그릇을 자주 사용한다.

나무 그릇을 처음 구입한다면 샐러드 볼, 살짝 오목한 중간 접시, 평평한 원형 접시 두세 개가 적당하다. 평평한 나무 그릇은 트레이로 사용하다가 브런치 접시로 변주도 가능하다. 컵 하나만 올려두어도 여유로운 분위기가 물씬 풍긴다. 나무 그릇을 일상에서 사용하고 관리하는 것이 조금 익숙해지면 나무 국대접, 밥공기, 도시락통, 멋스러운 접시를 들여보자. 나무의 따스하고 너그러운 성정이 우리의 일상에 소소한 행복을 주고 식탁을 보다 다정하게 만들어줄 거다.

관리법

처음 사용하기 전에 물을 약간 담아 가볍게 흔든 뒤 버린다. 유분, 수분, 음식의 색과 향이 그릇에 배는 것을 막을 수 있다. 처음 사용하는 몇 번은 기름기가 너무 많거나 색이 진하거나 냄새가 강한 음식은 담지 않는다. 그릇을 닦을 때도 거친 수세미나 세제는 되도록 사용하지 말고 미지근한 물로 씻어낸다. 마른행주로 물기를 깨끗하게 닦고 바람이 잘 드는 곳에 비스듬히 세워 완전히 말린 뒤 그릇장에 넣는다. 식기용으로 나오는 나무 그릇들은 천연 코팅이 되어 있지만, 물에 오래 담가두거나 젖은 음식을 넣고 오래 두면 곰팡이가 생기거나 나무가 뒤틀릴 수 있다. 끓는 물에 담그는 것은 물론 강한 직사광선도 피한다.

Things in the kitchen

부엌의 물건들

처음부터 제대로,
냄비와 팬

엄마는 몇 안 되는 주방도구로 매일매일 맛있는 음식을 해주셨다.
낡고 허름한 물건도 있었지만 하나같이 엄마에게 잘 길들여진 도구들이었다.
엄마 부엌의 몇 배나 되는 물건들이 자리한 이곳은
과연 엄마의 부엌보다 나은 곳이라고 말할 수 있을까?
하나를 사도 제대로 된 것을 사라는 엄마의 이야기는 부엌살림에도 해당하는 말이다.
길들여질 만큼 오래 사용하려면 그만큼 오래 사용할 수 있는,
제대로 된 물건을 갖추어야 한다. 당장 풀세트로 갖추지 않아도 좋다.
사실 냄비 하나, 팬 하나만 있어도 불가능한 요리는 거의 없으니까.

무쇠 냄비

관리가 힘들고 무겁다는 최대의 단점을 얼마든지 감내할 만큼 무쇠 냄비는 맛있는 요리를 만들어낸다.

식탁을 예뻐 보이게 하는 장식품 정도로만 생각해 아끼고 아꼈던 나는, 언젠가부터 무쇠 냄비를 자주 꺼내 쓰기 시작했다. 보는 것도 예쁘지만, 보기보다 맛은 더 좋다. 무수분, 저수분 요리를 할 때는 마법의 냄비 같아 보일 만큼. '코팅이 깨지지는 않을까?', '녹이 스는 건 아닐까?' 같은 염려가 늘 따라다니지만, 그만큼 더 많은 관심과 애정을 쏟게 되니 왠지 더 예뻐 보인다. 주의할 점은 스테인리스 냄비처럼 요리를 보관하는 냄비로는 적합하지 않다는 것. 남은 음식은 즉시 다른 곳에 덜어두어야 한다.

관리법

빈 냄비를 오래 가열하면 코팅이 깨질 수 있다. 음식이 없는 상태에서는 가열하지 않는다. 사용한 후에는 부드러운 수세미로 살살 문질러 씻는다. 엎어서 물기를 제거하기보다는 바로 세워놓고 마른행주로 남은 물기를 닦는다. 충분히 건조한 뒤 통풍이 잘 되는 곳에서 보관한다. 음식이 눌어붙거나 탄 경우에는 약간의 물과 베이킹소다를 넣고 끓인다. 물이 끓어오르면 약한 불로 줄여 10분, 불꽃을 최대한 줄이고 10분 더 끓인 뒤 그대로 식힌다. 어느 정도 식으면 물을 버리지 않은 상태에서 수세미로 살살 문질러 닦는다.

무쇠 냄비 **르크루제, 스타우브**

스테인리스 냄비

늘 한결같은 냄비다. 홀라당 태워 먹거나, 물에 담가두거나, 잠시 한눈을 팔아도 그대로의 모습으로 기다려준다. 내구성이 뛰어나고 견고하며 관리가 쉬워 한 번 구입하면 거의 평생 사용할 수 있다. 열전도율과 보존율이 높아 일상에서 요리를 하는 냄비로 제격이다.

관리법

사용하다 과열되는 경우 무지개색 또는 흰색의 얼룩이 남는 경우가 종종 있다. 산화피막 현상이 발생되어 나타나는 경우이거나 음식물의 미네랄 성분으로 인해 얼룩이 생기는 것으로 인체에는 무해하다. 얼룩을 지우고 싶다면 식초로 닦거나 스테인리스 냄비에 찬물과 식초를 약간 넣어 끓이면 사라진다. 스테인리스 전용 세정제를 사용해도 좋다.

스테인리스 냄비 WMF

사용 전 세척하기

스테인리스 냄비는 처음 사용하기 전에 반드시 세척 과정을 거쳐야 한다.
주방 세제만으로는 연마제 성분이 제거되지 않으므로 반드시 꼼꼼하게 세척한다.

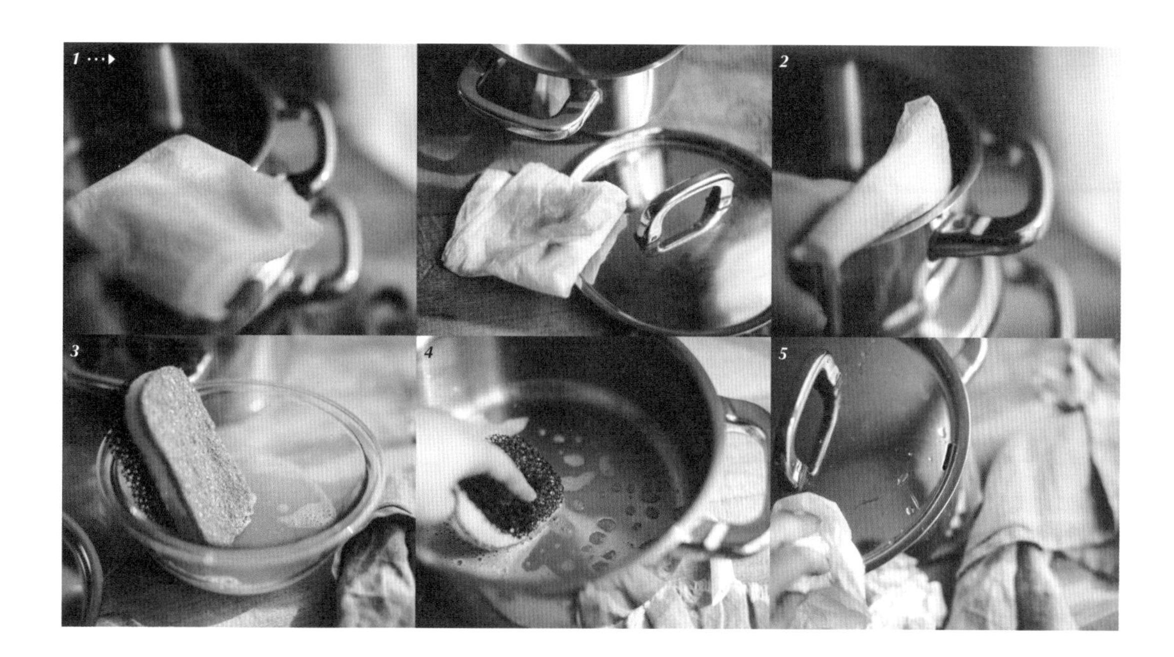

1 키친타월에 식용유를 넉넉히 묻혀 스테인리스 냄비를 구석구석 닦는다. 안쪽은 물론 바깥쪽, 손잡이, 뚜껑도 까만 연마제 성분이 더 이상 눈에 보이지 않을 때까지 꼼꼼히 닦는다.

2 냄비 안에 베이킹소다를 넉넉히 뿌린 뒤 논스크래치 수세미로 한 번 더 골고루 닦는다.

3 논스크래치 수세미에 중성 세제를 묻혀 거품을 낸 뒤 베이킹소다가 남아 있는 냄비를 구석구석 닦고 미지근한 물로 헹군다.

4 냄비에 찬물을 3/4 정도 채우고 식초 1/2~1컵을 넣은 뒤 센 불에서 5분간 끓인다. 냄비가 식으면 논스크래치 스펀지에 중성 세제를 묻혀 냄비를 구석구석 닦은 후 헹군다.

5 물기가 마르기 전에 키친타월이나 극세사 마른행주로 닦아낸다. 물기를 그대로 두면 얼룩으로 남는다.

뚝배기

겉은 무뚝뚝하지만, 속은 더없이 따뜻하다. 뚜껑을 열면 푸근한 온기가 식탁에 온정을 더한다. "밥은 먹었니?"라고 말하는 감정 표현이 서툰 우리 아빠를 닮은 구수한 살림살이다.
뚝배기에는 국이나 찌개를 보글보글 끓여 먹지만, 가장 맛있는 건 모락모락 하얀 쌀밥을 지어 먹을 때다. 급격한 온도 변화에 주의해야 하는 탓에 늘 중불 이하에서 조리해야 한다. 국물이 끓기 시작하면 약한 불로 줄여야 넘치거나 타지 않는다.

관리법

뚝배기는 사용하기 전에 쌀뜨물을 넣고 약한 불에서 10~15분 정도 1~2회 보글보글 끓인다. 잼팟이나 큰 냄비가 있다면 쌀뜨물을 가득 채우고 그 안에 뚝배기를 넣어 푹 끓여도 좋다. 이 과정을 거치지 않고 바로 요리를 하면 음식이 그대로 스며들 수 있다. 설거지할 때도 신경 써야 한다. 뚝배기에는 숨을 쉬는 미세한 구멍이 있어서 세제로 씻으면 세제가 뚝배기 안으로 스며들 수 있다. 세척은 반드시 쌀뜨물이나 베이킹소다를 활용한다. 세척 후 남은 물기는 마른 행주로 닦고 하루 이상 바짝 말린 뒤 통풍이 잘되는 곳에서 보관한다.

흰색 뚝배기 **와후재팬**
검은색 뚝배기 그릇 **와후재팬**

법랑 냄비

법랑은 금속 표면에 유리질 유약을 발라 구운 뒤 금속을 덮어씌운 것을 말한다. 그러니 무쇠에 에나멜 코팅을 입힌 르크루제 같은 냄비도 법랑 냄비에 속한다고 말할 수 있다. 법랑 냄비는 무쇠 냄비의 단점을 보완하기 위해 만들어졌으니까. 요즘 이야기하는 법랑 냄비는 대부분 노다호로나 후지호로, 이케아 같은 브랜드의 가볍고 단단하며 색이 예쁜 냄비를 지칭한다. 빠르게 끓고 깨지지 않는다는 장점이 있다. 색이 어여쁘고 아기자기한 패턴을 지니고 있어 디자인적으로도 훌륭하다. 그러나 거친 수세미로 닦으면 쉽게 스크래치가 생기고 급격한 온도 변화에 코팅이 깨질 우려가 있다.

후지호로 무민 법랑 밀크팬 **와후재팬**

무쇠 팬

뜨겁게 달군 까만 무쇠 팬은 사용할수록 길이 든다. 길들이는 과정은 쉽지 않지만, 한 번 길들이면 그때부터 확실한 내 편이 되는 의리 있는 도구다. 무쇠 팬은 묵직한 무게만큼 온기를 오래오래 품는다. 요리를 끝낸 뒤 무쇠 팬째 식탁 위로 옮기면 따뜻한 요리를 긴 시간 동안 즐길 수 있다. 처음부터 세트로 구입하지 말고 한두 개 사용해본 뒤 관리가 번거롭게 느껴지지 않을 때 추가로 구입하는 것이 좋다. 무쇠 팬의 최대 단점은 무겁고 관리가 번거롭다는 점이니까.

관리법

무쇠 팬은 충분한 예열과 불 조절이 중요하다. 불세기는 중불 이하로, 예열은 약한 불에서 3분 정도가 적당하다. 예열이 충분히 되지 않은 상태에서 식재료를 올리면 눌어붙기 쉽다. 세척은 미지근한 물로만 한다. 세척 후에는 물기가 남지 않도록 키친타월로 닦거나 약한 불에서 잠시 가열하여 수분을 날린다. 음식이 눌어붙은 경우 베이킹소다 2큰술과 미지근한 물을 넣고 약한 불에서 끓인 후 식혔다가 부드러운 수세미로 닦아낸다.

무쇠 팬 **프레마몽**

시즈닝 하기

무쇠 팬을 사용할 때 가장 중요한 건 시즈닝, 즉 '길들이기'다. 시즈닝은 팬의 표면에 기름막을 씌우는 것으로, 주기적으로 해야 녹이 생기지 않는다. 언제나 반지르르 윤기가 흐르는 팬의 표면도 유지할 수 있다.

1 거친 솔이나 수세미로 무쇠 팬을 닦은 뒤 중불에서 굽는다. 수분이 모두 날아가고 흰 연기가 날 때까지 굽다가 불을 끈다.
2 달군 팬의 열이 식으면 식용유를 구석구석 바른 뒤 다시 흰 연기가 날 때까지 약한 불에서 굽는다. 기름막을 만드는 과정이다.
3 불을 끄고 팬을 식힌다. 키친타월에 식용유를 묻혀 다시 팬의 구석구석에 바른 뒤 약한 불에서 굽는다. 이 과정을 3~4번 반복한다.
4 불을 끄고 스며들지 못한 기름은 키친타월로 닦아낸다.

코팅 팬

달걀 프라이 하나를 순식간에 만들고 싶을 때 코팅 팬만큼 좋은 것이 또 있을까.
코팅이 상하지 않고 구입한 지 오래되지 않았다면 조리 과정에 신경을 덜 써도 음식이 눌어붙거나 타지 않는다. 요리가 서툰 사람이나 바쁜 일상을 보내는 이에게 더없이 적합한 팬이다.

관리법

코팅 팬을 사용할 때는 날카로운 조리도구 대신 실리콘이나 나무로 만든 조리도구를 사용한다. 특히 고온으로 조리하지 않아야 한다. 코팅이 벗겨질 수 있다. 흠집이 생기거나 코팅이 벗겨진 팬은 지체 없이 교체한다. 보관할 때에는 프라이팬 랙을 이용해 세워서 보관하거나 선반 매트 등을 깔아 위에 있는 팬의 바닥이 아래 팬의 코팅된 면에 닿지 않도록 한다.

코팅 팬 **테팔**

스테인리스 팬

코팅 팬에 비해 번거롭다. 매번 사용할 때마다 예열하는 과정을 거쳐야 한다. 그래도 스테인리스 팬을 애정하는 이유는 한 번 구입하면 평생 사용할 수 있기 때문이다. 음식이 눌어붙거나 타도 조금만 관리하면 금세 새것으로 돌아온다. 냄새나 색도 배지 않는다. 파스타를 자주 조리한다면 두툼한 스테인리스 웍은 하나쯤 갖고 있는 편이 좋다.

관리법

스테인리스 팬은 예열이 가장 중요하다. 예열만 잘하면 깔끔하게 요리를 마칠 수 있다. 스테인리스 팬의 바닥을 넘지 않는 불세기로 느긋하게 5분간 예열한다. 그 상태에서 팬을 살짝 들어 열을 조금 식힌 뒤 식용유를 둘러 팬 전체를 코팅하듯 발라준다. 음식을 넣기에 적당한 순간은 식용유가 일렁대며 물결을 만들어낼 때다.

스테인리스 팬 **한일 마스터쿠진**

고사목 도마 **지영홍 안동 도마**

참 좋다,
나무 도마

나에겐 손때 묻은 원목 테이블, 삐걱대는 나무 의자,
편안한 원목 침대, 나무 그릇, 나무 도마가 있다.
내 관심이 소홀해지지만 않는다면 늘 내 곁에 있어 줄 다정한 것들.
언젠가부터 나무가 참 좋다. 매일매일 조금씩 더 좋아지고 있다.

신혼 초부터 제법 많은 도마를 사용해왔다.
플라스틱 항균 도마, 압축 도마, 유리 도마, 나무 도마까지.
칼질하는 기분이 제대로 나는 것은 역시 나무 도마다.
푹푹 박히지 않고 적당히 튀어 오르는 느낌이 칼질의 피로함을 덜어준다.
칼이 나무에 닿을 때마다 나는 소리도 좋다. 더구나 아름답기까지 하니
부엌 잘 보이는 곳에 세워두면 기분까지 좋아진다.

나무 도마를 고를 땐 통나무 도마를 고르는 것이 좋다.
수종에 따라 무게, 강도, 나뭇결, 색감이 조금씩 달라지는데
사용해보니 가장 만족도가 높은 도마는 안동 느티나무 도마다.
그다음으로는 올리브나무 도마, 캄포나무 도마 순으로 만족하며 사용 중이다.

묵묵히,
트레이

오늘, 트레이는 무엇을 담게 될까?
식기를 이곳에서 저곳으로 옮기는 단순하고 명확한
엄마의 플라스틱 쟁반보다 더 많은 일을 하게 될 것이다.
엄마의 쟁반과 나의 트레이는 다르다.
엄마의 쟁반에 밥을 올려 먹는 건 왠지 궁상맞아 보이지만,
나의 트레이에 밥을 차려 먹는 건 근사하다.

작은 그릇들이 잔뜩 오른 어수선한 식탁이라면
트레이 위에 산재한 그릇을 한데 모은다.
트레이가 안과 밖을 나누는 경계가 되어 훨씬 정돈되어 보인다.
되려 정갈함, 풍성함, 정성스러운 느낌을 주기도 한다. 도자기 소재로 된
넉넉한 사이즈의 트레이는 그릇을 담아 테이블 매트처럼 사용하거나
때론 그릇 그 자체가 되기도 한다. 다른 소재에 비해
깨질 염려가 있지만 위생적으로 사용할 수 있다.
고재 트레이는 러프한 질감이 매력이다. 그릇을 테이블 위에 바로
올리기보다 고재 트레이 하나를 받치면 멋스러운 테이블 매트가 된다.
침대에서 뒹굴뒹굴할 때도 트레이는 필수다. 흘리기 쉬운 커피와
부스러기가 따라다니는 케이크까지 무사히 침대에 입성한다.
든든하고 묵직한 트레이 하나만 있으면 안락하고
편안한 침대 라이프를 누릴 수 있다.

타일 트레이 **개미창고**
흰색 도자기 트레이, 우드 트레이 **와후재팬**

입술을 훔친,
컵

컵은 종종 내 마음을 건드린다.
아무 까닭 없이 이곳에 담아 마시면 좋을 것 같아서 꺼내든 잔이
나를 위로한다.
뽀얀 밀크글라스에 우유를 담아 마시면 어린 시절의 추억이 소환되고,
찻잔의 손잡이를 잡고 있을 땐 여배우가 된 것 같다.
작은 찻잔은 늘 촉촉한 기쁨을 주고 따뜻한 위로를 안긴다.

나는 매일매일 다른 컵을 사용한다. 컵은 입술이 닿는 부분의 모양과 각도,
소재에 따라서 맛도, 느낌도 다르다. 두툼해서 입술을 포근히 안는
수더분한 컵이 있는가 하면 깨질 듯 가냘프고 섬세해서 입술로 꽉 깨물면
으스러질 것 같은 컵, 대충 마셔도 음료가 밖으로 흐르지 않는 입술에
꼭 맞는 컵, 팔랑팔랑 꽃잎 같은 형태가 예뻐서 입술로 자꾸 탐하게 되는
컵도 있다. 나에게 맞는 컵일수록 입술이 닿는 부분이 편안하고
기분 좋은 느낌이 든다. 그 느낌이 좋아서일까.
컵 욕심만큼은 덜어내지 못한다.

골드림 유리컵 **개미창고**
노란 무늬 찻잔 세트 **웨지우드**

빛나는 커트러리

커트러리는 단순히 예쁨만을 주는 도구가 아니다.
식탁을 채운 그릇과 어울리는 커트러리를 단정히 내려놓을 때 비로소
상차림은 완벽해진다. 그렇다면 어떤 커트러리를
선택해야 후회하지 않을까.
우선 정교하고 안정감이 있어야 한다.
내구성이 좋고 나이프는 절삭력이 뛰어나며,
들었을 때 적당한 무게감이 있어야 편하다.
처음 커트러리를 장만하는 경우라면 관리가 까다롭지 않고
평생 사용할 수 있는 기본적인 디자인의 브랜드 제품을 구입한다.
처음부터 디저트용까지 포함하여 풀세트로 사는 것보다는
스푼, 포크, 나이프로 구성된 작은 세트로 시작하는 것이 좋다.
독특한 디자인의 커트러리는 취향과 안목이 생긴 다음 구입해도 늦지 않다.

플래티넘 커트러리 **벨로아이녹스**

반짝반짝, 커트러리 삶는 날

다른 소재가 섞이지 않은, 스테인리스 제품들만 꺼낸다. 퐁당 담가도 주의할 것이 없어 소독하기가 쉽다.
생각날 때 한 번씩만 해도 광채를 잃어 뽀얗게 변했던 스테인리스 커트러리가 다시 반짝반짝해진다.

1 밑이 넓은 큰 냄비(잼팟 추천)에 커트러리가 잠길 정도의 물을 붓고 끓이다가 물이 끓어오르면 화이트 비니거를 약간(물:화이트 비니거=8:1) 넣는다. 나는 소독이나 청소할 때 일반 식초보다 화이트 비니거를 자주 사용하는 편이다. 특유의 향이 강하게 남지 않아 사용하기 무난하다.
2 커트러리를 퐁당 넣거나 넓은 체에 밭쳐 5분간 삶은 뒤 불을 끄고 5분 정도 그대로 둔다.
3 커트러리를 건져내 따뜻한 물로 깨끗하게 헹군다.
4 물기가 마르기 전에 마른 헝겊이나 행주로 커트러리를 꼼꼼히 닦는다. 물기가 남아 있으면 얼룩이 생긴다.

Tea & Coffee

퍽 훌륭한 핑곗거리,
한 잔

차를 우리다

향긋한 차 한 모금,
향기를 들이킵니다

차는 고상한 이의 어렵기만 한 취향이라고 생각했던 내가 차를 즐기게 되었다.
'맛'으로 마셨을 땐 참 맛이 없었는데, '향'으로 마시니 참 맛이 좋았다.
한 모금만 마셔도 코끝에서 간질간질, 향기가 피어오르는 것만 같다.

전기포트에 물을 팔팔 끓여 찻잎이 담긴 찻잔에 붓기만 하면
맛있는 차가 되는 줄 알았다. 사골처럼 우려 텁텁함만 남은 홍차를 마시며
맛있다, 맛있다, 그래왔다. 차를 우리는 나의 어설픈 몸짓이 조금씩
사그라들 즈음에야 한 모금씩, 조심스럽게 입에 흘려 넣는
향긋함의 매력에 빠지게 되었다. 그때였을까.
어렵고 불편했던 차가 퍽 훌륭한 핑곗거리가 된 것이.

홍차를 처음 접하다 보면
생소한 단어들이 여기저기에서 튀어나온다.
하나의 찻잎만 사용하는 것은 '스트레이트 티',
여러 산지의 찻잎을 두 가지 이상 블렌딩한 것은 '클래식 블렌디드 티',
홍차에 과일이나 허브향을 더한 것은 '플레이버드 티(대표적으로 얼그레이 티)'라 한다.
원산지에 따라 나누는 다즐링, 아쌈, 실론 등은 물론
머스캣 향, 베르가모트 향과 같은 낯선 이름이
나를 혼란스럽게 한다. 등급을 이야기할 때면
'오렌지 페코'라는 단어가 툭 튀어나오기도 한다.
아직도 낯선 단어가 보이면 짧은 지식이 탄로 날까
조용히 얼어붙지만, 홍차에서 중요한 건 뜨거운 물과 찻잔 그리고
몇 분의 기다림과 그것을 즐기는 마음이라고 생각하는 나는
읽기도 버거운 이름의 홍차를 기꺼이 주문한다.

자주 즐기는 홍차

트와이닝 얼그레이 티, **포트넘 앤 메이슨** 웨딩부케 블렌드, **프리미어스** 아쌈 CTC, **니나스** 쥬뗌므&마리 앙투아네트
로네펠트 다즐링&얼그레이&자스민 티, **타라** 로맨틱 위시, **티젠** 평창의 향기

찻잔 세트 **노리다케**

차 살림과
홍차

차를 우리기 위해 갖추어야 할 기본적인 도구는 많다.
주전자, 티포트, 찻잔, 티백 레스트, 티 스트레이너,
티 인퓨저, 타이머, 티 캐디 스푼, 티백 스퀴저, 티 매트,
티 코스터, 티 타월, 티 워머, 티 캐디 등.
그러나 꼭 필요한 도구는 세 개다. 주전자, 티포트, 찻잔.

티포트

찻잎이 뒹구는 점핑 현상이 원활하게 일어날 수 있도록 둥근 제품을 고른다. 유리로 된 티포트는 수색을 감상할 수 있다는 장점이 있고, 도자기 소재의 티포트는 보온이 좋다. 오랜 시간 차를 마실 때 티포트의 온기를 오래 지속하고 싶다면 티 워머를 갖추면 좋다.

찻잔

대개 넓고 얕으며 얇다. 수색을 잘 볼 수 있도록 내부는 흰색으로 고르는 것이 좋다.

노란 무늬 찻잔 세트 **웨지우드**
파란 무늬 찻잔 세트 **노리다케**

티 스트레이너 **벨로크**
티 인퓨저 **이케아**, 티백 스퀴저 **솔라스위스**
티 캐디 스푼 **와후재팬**, 전자저울 **드렉텍**
저울 & 타이머 **덜튼**

티 캐디 스푼, 티 스트레이너, 티백 스퀴저, 티 인퓨저

티 캐디 스푼을 사용하면 3g 정도의 찻잎을 담을 수 있다. 찻잎의 양에 민감하다면 전자저울을 활용한다. 티 스트레이너는 뜨거운 티포트에 차를 우린 뒤 찻잔에 따를 때 찻잎을 걸러주는 도구. 되도록 촘촘한 제품을 선택하는 것이 좋다. 티백 스퀴저는 티백을 건져내거나 티백에 남아 있는 찻물을 남김없이 짤 때 사용한다. 티 인퓨저는 차를 우려내는 도구로, 조그만 통 안에 찻잎을 넣어 사용한다. 우리는 과정의 귀찮음을 해결해주는 아이템이다.

홍차 우리기

구비하는 찻잎은 허브차를 포함하여 10가지 이상 늘리지 않는 편이다. 향이 금세 날아가고 습기에 약하기 때문이다. 상큼함이 필요할 땐 얼그레이 또는 레몬그라스 향이 가미된 차를 우린다. 아침엔 카페인이 많이 들어 있는 잉글리시 브렉퍼스트를, 구수함이 필요할 땐 다즐링을 즐긴다.

1 주전자에 물을 넣고 끓기 시작하면 티포트와 찻잔에 따뜻한 물을 부어 예열한다.
2 티포트가 따스해지면 물을 버리고 찻잎을(약 3g) 담은 뒤 95도의 뜨거운 물을 200~300ml 정도 붓는다.
3 2~3분 정도 기다린 뒤 찻잔에 부어놓았던 물을 버리고 찻잔에 티 스트레이너를 걸친다. 티포트에 담긴 차를 찻잔에 붓는다.

1

2 ···▸

3 ···▸

티포트 **프라우나**
찻잔 **포트넘 앤 메이슨**

밀크티를 사랑하게 되었어요

달달한 음식은 좋아하지 않는데 밀크티는 달달한 게 좋다. 황색 각설탕이나 꿀을 잔뜩 넣고 딸깍딸깍, 나무 스푼으로 잘 저어준다. 호로록 호로록 호호거리며 식기 전에 얼른 입에 가져다 대면 달콤함과 향긋함이 입안 가득 퍼진다.

Kitchen

준비하다

(1잔)

홍차 잎 2티스푼(약 3g) 또는 홍차 티백 2개
물 1/2컵(100ml)
우유 1/2컵(100ml)
설탕 또는 꿀 적당량

요리하다

1 밀크팬에 물을 넣고 중불에서 끓인다.

2 물이 끓기 시작하면 홍차 잎이나 홍차 티백을 넣고 2~3분 정도 끓인다.

tip. 밀크티로 많이 애용하는 홍차는 아쌈이나 다즐링이에요.

3 밀크팬의 가운데에 우유를 천천히 부으면서 끓인다.

tip. 저지방 우유나 무지방 우유는 추천하지 않아요. 우유를 넣을 때 설탕을 약간 넣어 함께 끓이면 비린내가 줄고 고소해져요.

4 우유가 끓기 시작하면 불을 끈다. 와르르 끓여 우유 거품을 내면 맛이 더 부드러워진다. 유막이 생긴다면 건져낸다.

5 찻잔에 티 스트레이너를 걸친다. 밀크팬에 담긴 밀크티를 찻잔에 붓는다. 기호에 따라 설탕이나 꿀을 넣는다.

1 ···▸

2 ···▸

3 *4*

5 ···▸

커피를 내리다

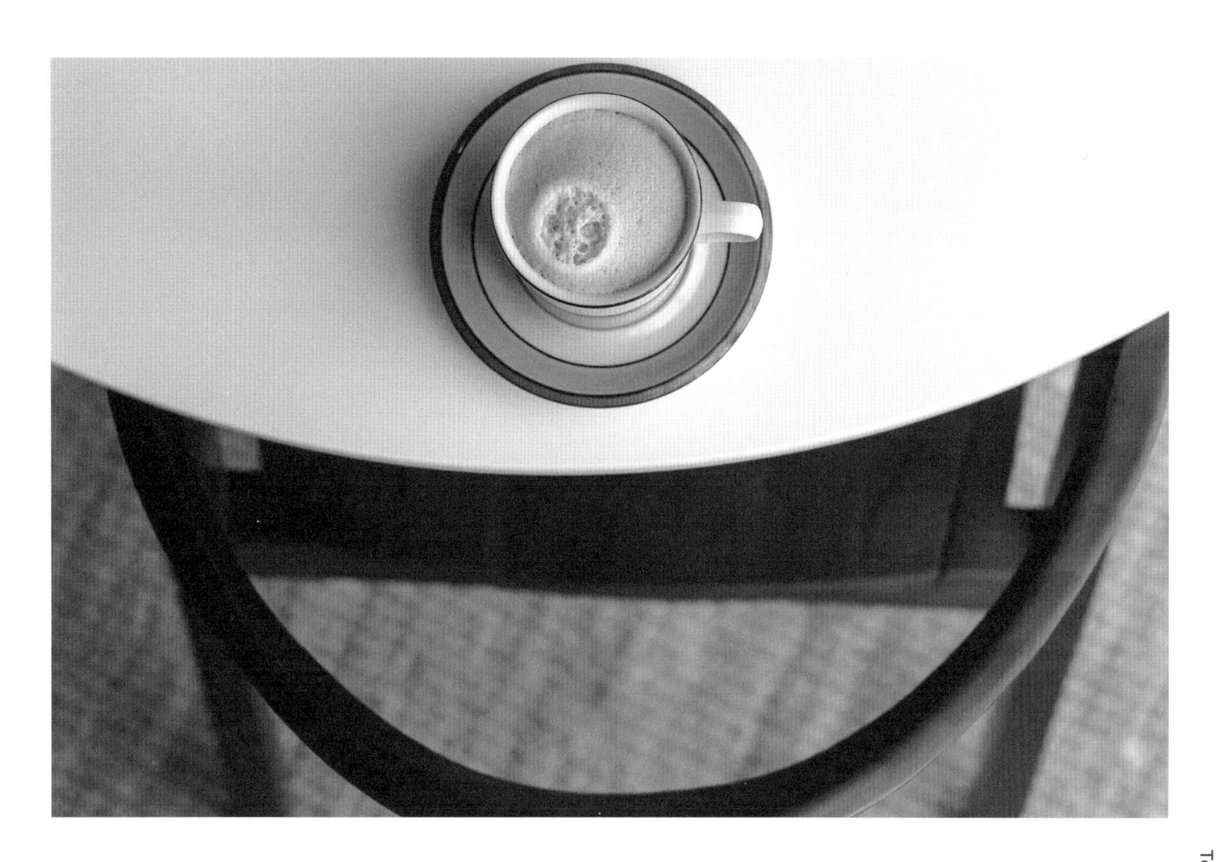

시간을 마십니다.
커피 한 잔

양손으로 살짝 뜨거운 커피잔을 끌어안았다.
손안에서 시작된 온기가 곧 온몸 구석구석으로 퍼지기 시작했다.
내가 내린 한 잔이라서 좋았다. 아침은 한결같이 바쁘지만
커피 한 잔 정도 마실 여유는 있다. 향긋한 차도 퍽 좋아하나
몽롱한 아침의 시작은 역시, 커피가 좋다.

내게 커피를 마신다는 건 시간을 마신다는 것과 같았다.
시험 보기 전날 밤을 꼴딱 새울 땐 버틸 수 있는 시간을 만들어주었고,
소개팅하는 날 멋쩍은 정적이 흐를 때면
커피 한 잔 덕분에 시간이 무사히 흘렀다.

빈티지 커피잔 **아라비아핀란드**

지루한 기다림이 이어지는 날도 커피가 있어서 다행이었다.
종종 커피잔 안에 눈길을 두고, 괜히 양손으로 잔을 감싸보고,
입을 대고 마시는 둥 마는 둥 하다 보면 시간이 흘렀으니까.
커피는 혼자 있는 시간도 어색하지 않게 해주는 존재가 되곤 했다.
누군가와 함께할 때면 좋은 소식, 나쁜 소식, 슬픈 소식,
고민, 행복한 이야기가 커피잔 사이로 쉴새없이 오갔다.
커피잔 안에 서로의 시간을 담아 나누어 마셨다.

천천히 손으로 내린 커피 한 잔.
그 과정에서 필요한 시간이 생기고,
필요 없는 시간이 없어진다.
커피를 마실 이유는 충분하다.

밀크글라스 커피잔 **파이어킹**
티포트 & 커피잔 **프라우나**

이중 유리컵 **마린**
각진 투명 유리컵 **네스프레소**

커피 살림_ 커피머신, 핸드드립, 모카포트, 프렌치프레스

커피를 좋아한다.
좋아하다 보니 관심을 가지는 건 자연스러운 일이었다.
커피 드리퍼를 시작으로 드립포트, 모카포트, 프렌치프레스,
가정용 에스프레소 커피머신, 캡슐커피머신까지 오랜 기간에 걸쳐 천천히
하나씩 갖추었다. 가끔 좋은 품질의 원두를 구입하여 맛보는 것 또한
나만 아는 작은 호사가 되었다.

작은 공간을 가득 채운 향긋한 커피향은 커피를 한 모금
입에 밀어 넣기 전부터 행복하게 만든다. 혀를 꽉 조이는 보디감,
적당한 산미, 완벽한 밸런스, 풍부한 아로마 같은 장황한 설명 대신
"맛있다"라는 말 한마디가 어쩐지 더 와닿는다.
나만이 즐길 수 있는 홈 카페의 맛이다.

집에서 커피를 내리기 시작하면서 원두에 대해서도 전문가가 되어 간다.
원두는 볶은 날로부터 15일 이내에 소비하는 것이 가장 좋다.
사실 가장 신선한 커피는 볶은 날로부터 3일 이내의 커피다.
원두는 홀빈 상태로 구입하고 마시기 직전에 분쇄한다.
공기가 닿으면 커피 특유의 풍미와 향미를 급속히 잃기 때문이다.
커피는 묵직한 맛과는 달리 은근히 까다로운 구석이 있다.

커피머신

캡슐커피머신의 매력은 편리함이다. 물통에 물을 채우고, 캡슐을 하나 넣어 버튼만 누르면 얼마 안 지나 내 앞에 맛있는 커피가 놓인다. 누구나 균일한 맛의 커피를 즐길 수 있다.

필립스 세코 피코 바리스토 커피머신

홀빈 형태의 원두를 채워 넣으면 설정해둔 분쇄도에 맞는 커피를 내릴 수 있다. 대기시간이 길지 않고 온도 조절이 가능하다. 에스프레소는 물론 다양한 커피를 레시피 버튼 한 번으로 추출할 수 있다는 것이 장점이다.

네스프레소 버츄오 & 라티시마 원

커피머신은 크게 오리지널 라인, 버츄오 라인으로 나뉘며 두 라인은 추출 방식에서 차이가 있다. 어떤 맛이 더 좋은지는 커피 취향에 따라 다르므로 매장에서 직접 시음해본 뒤 결정하는 것이 좋다. 알록달록한 캡슐커피는 인테리어 효과도 있어 홈 카페를 연출하기에 좋은 아이템이다.

NESPRESSO

핸드드립

같은 원두를 같은 양, 같은 온도의 물로 내려도 누가 내리느냐에 따라 맛이 달라지는 핸드드립. 가느다란 물줄기를 여러 번에 나누어 커피가루에 동그랗게 부어주면 깔끔하고 맑은 커피를 추출할 수 있다. 고소한 맛, 단맛, 신맛이 넉넉히 담겨 있는 한 잔을 즐기기에 이만한 것이 없다.

핸드드립을 위한 커피 살림

드리퍼 & 서버 칼리타
종이 필터 칼리타
드립포트 미야자키 제작소
그라인더 하리오

핸드드립으로 커피 내리기

1 시나몬 로스팅과 시티 로스팅 사이의 원두(1잔 분량 약 20g)를 그라인더에 넣어 중간 굵기로 간다.
2 드리퍼에 종이 필터를 넣고 서버 위에 올린다. 드립포트에 담긴 뜨거운 물을 부어 드리퍼에 종이 필터가 잘 밀착되도록 적신다.
3 서버로 흘러들어온 물을 커피잔에 부어 잔을 데운다. 이렇게 하면 서버와 커피잔을 따뜻하게 데울 수 있다.
4 커피가루를 드리퍼에 담고 표면이 수평을 유지하도록 드리퍼를 살짝 두드린다.
5 95도의 물을 중심에서 바깥쪽으로 원을 그리며 커피가루를 충분히 적시듯 붓는다. 커피가루가 부풀어 오를 때까지 30초 정도 뜸을 들인다. 이때 드리퍼에서 떨어지는 커피는 몇 방울 똑똑 떨어지는 정도가 적당하다.
6 커피가루가 더 이상 부풀어 오르지 않으면 다시 물을 붓는다. 물줄기를 가늘게 하여 중앙에서 바깥쪽으로, 다시 바깥쪽에서 중앙으로 들어오며 200~250ml 정도의 물을 모두 붓는다. 이때 종이 필터에 물이 직접 닿지 않게 한다. 이 과정을 반복한다.
7 원하는 커피의 양이 추출되면 커피 거품이 내려지기 전에 서버에서 드리퍼를 제거한다. 미리 커피잔을 데우고 있던 물을 버리고 커피를 따라 담는다.

1

2 ···▸

3

4

5

6

7

모카포트

직접 내린 에스프레소를 즐기기에 모카포트만큼 저렴하고 근사한 방법이 또 있을까. 모카포트로 가장 많은 사랑을 받는 비알레띠 모카포트는 끓는 물의 압력으로 커피를 단시간에 추출한다. 그래서 손으로 내린 커피에서는 살짝 부족했던 커피 본연의 짙고 깊은 맛을 느낄 수 있다.

모카포트를 위한 커피 살림

모카포트 비알레띠
그라인더 하리오

모카포트로 커피 내리기

1 모카포트를 돌려 상부(컨테이너), 중간(바스켓), 하부(보일러)로 분리한다. 보일러의 동그란 안전밸브가 잠기지 않는 정도까지 물을 채운다.
2 프렌치 로스팅 원두를 그라인더에 넣어 밀가루와 설탕의 중간 굵기로 분쇄한다.
3 바스켓에 커피가루를 담는다. 넘치는 커피가루는 평평한 물건으로 가볍게 깎아낸다.
4 보일러 위에 바스켓을 올려놓고 그 위에 컨테이너를 올린 뒤 최대한 꽉 돌려 단단히 결합한다. 모카포트를 가스레인지에 올린다.
5 처음에는 커피가 넘치지 않도록 컨테이너의 뚜껑을 열고 끓인다. 이때 불세기는 모카포트 바닥보다 불꽃이 크지 않게 조절한다. 2~3분이 지나면 터지는 소리가 들리며 커피가 추출되는 모습을 볼 수 있다. 불을 끄고 뚜껑을 닫은 뒤 커피가 추출되기를 기다린다.
6 4분쯤 지나 커피가 모두 추출되면 커피잔에 따라 담는다.

1 ···▸

2

3

4

5 ···▸

6

프렌치프레스

원두 본연의 맛과 개성을 그대로 즐길 수 있다. 미분과 커피 오일이 추출되어 묵직하고 투박한 맛을 지녔다. 하지만 좋지 않은 품질의 원두를 사용하면 가장 맛없는 커피가 완성되기도 한다. 깔끔한 맛의 커피를 좋아하는 이들에겐 다소 맞지 않을 수 있으니 꼭 마셔보고 선택할 것.

프렌치프레스를 위한 커피 살림

프렌치프레스 하리오
그라인더 하리오

프렌치프레스로 커피 내리기

1 프렌치프레스에서 금속 프레스(금속 필터가 달린 막대)를 분리한다. 프렌치프레스에 뜨거운 물을 부어 미리 데운다. 그 물을 다시 커피잔에 부어 잔을 데운다.
2 원두(1잔 분량 약 10g)를 그라인더에 넣어 굵게 간 뒤 프렌치프레스에 담는다.
3 95도의 물을 준비해 커피가루 전체를 적실 정도로만 붓고 30초 정도 뜸을 들인다. 100~140ml의 물을 천천히 모두 붓고 30초 정도 뜸을 들인 뒤 머들러로 잘 저어준다.
4 금속 프레스를 프렌치프레스에 장착한 뒤 최대한 천천히 누른다. 이때 성급히 누르면 커피가루가 떠올라 완성된 커피에 미분이 섞일 수 있으므로 주의한다.
5 커피 추출 시간은 4분을 넘지 않도록 한다. 추출이 모두 끝나면 커피를 잔에 따라 담는다. 이때도 최대한 천천히 따라야 커피가루가 쓸려 담기지 않는다.

1
2
3
4 ···▸
5

아이돌 그룹이 아니랍니다.
방탄커피

Bullet Proof Coffee, 일명 '방탄커피'라고 불리는 그 커피가 필요했다. 티베트에서 만들어지고 뉴욕에서 유행하면서 식단 조절을 하는 이들에게 사랑받는 고지방 저탄수화물 커피. 총알도 막아낼 만큼 강한 에너지를 주는 든든한 커피다.
필요한 재료는 4가지.
진하게 내린 에스프레소와 뜨거운 물, 무염버터, 그리고 MCT 오일. 버터와 오일이 들어가서 느끼하거나 거부감이 들 거라 생각했는데 예민한 내 입맛에도 잘 맞는다. 커피의 씁싸래함, 버터의 고소함과 풍미, 코코넛 특유의 단맛과 부드러운 맛이 밸런스를 이룬다. 마지막엔 코코넛 향이 은은하게 감돌다가 곧 사라지는데 내겐 카페라테만큼 맛있게 느껴진다.

준비하다
(1잔)

에스프레소 더블샷
뜨거운 물 100~150ml
무염버터 1큰술(10g)
MCT 오일 1큰술(또는 엑스트라 버진 코코넛 오일 1큰술)

요리하다

1 에스프레소 더블샷을 커피머신으로 내린다. 블랙 인스턴트 커피를 이용할 경우 스틱 2개 정도가 알맞다.
2 무염버터와 MCT 오일을 넣는다.
3 핸드블렌더나 믹서기, 우유 거품기 등을 이용하여 골고루 섞는다.
4 뜨거운 물을 넣어 잘 섞는다.

1 2 ···▶

3 4

And favorite things

그리고,
바라만 봐도 좋은 나의 물건

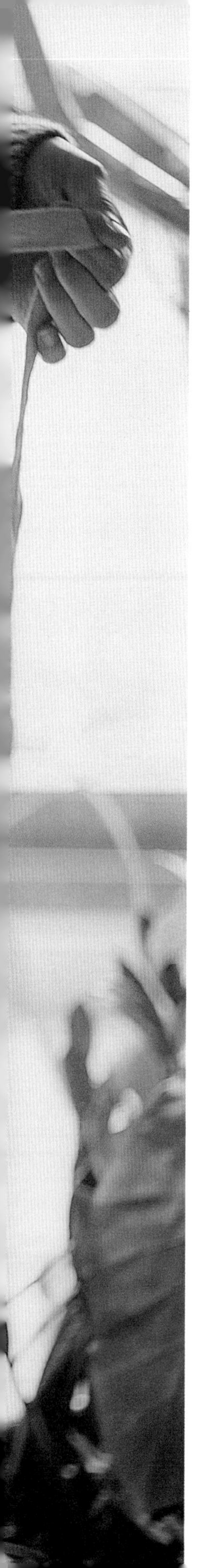

리넨 앞치마를
두른다는 것

커피 한 잔을 후루룩 마시고 재빨리 앞치마를 고른다.
오늘은 어떤 걸 입을까. 무릎까지 내려오는 긴 원피스형?
허리춤에 간단히 두르는 베이지 컬러 앞치마?
아니면 심플하게 차콜 컬러 앞치마? 마음에 드는 하나를 골라
몸에 대고 긴 끈을 한 바퀴 빙 둘러 매듭을 짓는다.
햇빛 냄새 머금고 버석버석 잘 마른 리넨 앞치마를 갖춰 입으니
어서 밀린 집안일을 해결하고 싶은 마음이 인다.
오늘도 무사히 출근했다.

신혼 시절 내게 앞치마는 택배를 받으러 뛰어나갈 때
후줄근한 옷차림을 가리기 위한 용도였다.
불편했고 번거로웠고 예뻐 보이지도 않았다.
그러던 중 자연스러운 색감과 질감을 지닌
리넨 앞치마를 선물 받았다. 입어보니 꽤 괜찮았다.
잘 구겨지니 오히려 편안했고,
까칠해서 몸에 달라붙지 않았다. 차르르 떨어지면서
무게감 있게 감기는 맛이 좋았다.
오래 입을수록 더 멋스러워졌다.

긴 원피스형 앞치마를 두르면 성큼성큼 걷는 팔자걸음이 단정해진다.
설거지할 때면 허리를 꼿꼿하게 세웠는지 한 번씩 확인하게 된다.
주머니엔 폭폭 삶아 잘 말린 행주를 넣어두고 요리를 할 때
허둥대지 않고 꺼내 쓴다. 목 늘어난 티셔츠와 무릎 나온 바지 차림에도
잘 마른 리넨 앞치마를 두르면 옷을 잘 갖춰 입은 것 같다.
초라하고 느슨해진 나를 다잡는데 앞치마만 한 게 없다.

리넨 앞치마를 두른다는 것은 하나의 의식이 되었다.
앞치마를 두르면 출근을 하고, 앞치마를 벗으면 퇴근을 한다.
엄마, 아내, 주부의 역할은 끝이 없다. 시작과 끝을 구분 짓는 행위가
필요했고, 내겐 그게 리넨 앞치마였다. 덕분에 졸린 늦은 밤이나
눈이 번쩍 떠진 이른 새벽녘, 식곤증을 이기려 인스턴트 커피를 마시는
어느 오후는 오롯이 내가 될 수 있다. 집안일에는 눈길도 주지 않고
글을 쓰고 책을 읽고 사진을 찍고 공부를 한다.
리넨 앞치마는 이미 벗어두었고 나는 잠시 퇴근했으니까.

베이지 컬러 리넨 앞치마 **블로거 라온의 '리넨 이야기'**
차콜 컬러 리넨 앞치마 **데코뷰**

오래 쓸수록 정드는
소창 행주

부직포 행주는 생각보다 나쁘지 않았다. 싱크대와 수전을 닦고,
주방 후드 위 기름때를 닦고, 주방 타일을 닦고 그렇게 아낌없이 사용하다가
쉽게 버릴 수 있었다. 그러나 식기를 닦거나 위생적인 곳에 사용하기는
영 꺼려졌다. 색도 하나같이 요란해서 밖에 꺼내두기가 두렵다.
다시 하얀 순면 행주로 돌아갔다. 하지만 여전히 그릇을 닦는 용도로는
영 아니었다. 햇볕에 버석버석 말려도 수건 형태의 면 행주는 물기를
남김없이 닦지 못했고 잔사가 날렸다. 뽀득뽀득 잘 헹궈낸 그릇이나
반짝이는 스테인리스 냄비의 물기를 닦을라치면 반갑지 않은 하얀 털이
표면에 앉았다. 잘 마르고 잘 닦이는 먼지 없는 행주가 필요했다.

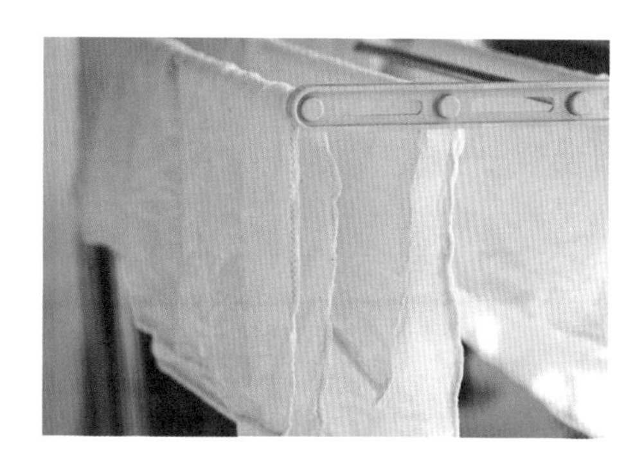

담이를 낳았을 때, 지인이 기저귀를 만들고 남았다며 '소창'을 가져다줬다.
처음 받았을 땐 이게 무슨 천인가 싶었다. 빳빳한 데다 물기를 하나도 흡수하지 못했다.
기저귀감 등 위생적인 용도로 많이 사용하는 소창은 처음엔 빳빳하고 누렇지만,
오래 쓸수록 새하얗게 변하고 성긴 짜임이 점차 촘촘해진다.
삶을수록 부드러워지고 흡수성도 좋아진다.

소창으로 만든 행주는 폭폭 삶고 건조해 길들이는 시간이 필요하다.
여러 번 삶아 길들이면, 그 시간만큼 온몸으로 내 편이 되어준다.
세탁 후 바람 잘 드는 곳에 널어두면 천천히 살랑살랑 춤을 추는 모습을
구경할 수 있다. 다림질할 때 겸사겸사 쪼글쪼글한 소창 행주 몇 장을 꺼내 다린다.
곱게 접어 작은 바구니에 차곡차곡 세워두면 나란히 줄 서서
쓰임 받을 차례를 기다리는 것 같다. 필요할 때 언제든
하얗고 부드러운 손길을 내어주기 위하여.
나는 오래 쓰면 쓸수록 정드는 행주가, 더 깊게 나를 이해해주는 행주가 고맙다.
부단한 노동과 정성이 가치가 될 수 있음을 몸소 보여주는
낡은 행주에 위안을 얻는다.

사부작사부작,
광덕 빗자루

장식품처럼 걸려 있던 광덕 빗자루를 든다.
사뿐사뿐. 섬세한 갈대 끝이 드레스 자락처럼 바닥에 조용히 내려앉는다.
곧, 듣기 좋은 소리를 내며 먼지의 등을 떠미는 춤을 추기 시작하겠지.
나는 이 순간이 참 좋다.

광덕 빗자루의 시작은 호기심이었다. 〈효재의 살림풍류〉 책을 덮으며
이동균 명인의 광덕 빗자루를 갖고 싶어 몸이 근질거렸다.
용돈을 아껴 10만 원에 가까운 빗자루를 구입했다.
남편은 나를 이해하지 못했다. 나 역시 빗자루가 아닌 예쁘고 멋진 공예품을
구입한다는 생각이 컸다. 한동안은 잘 보이는 곳에 걸어두기만 했다.
이게 얼마짜린데! 하찮은 먼지나 쓰는 데 사용할 순 없었다.
세상에, 빗자루를 걸어두고 보기만 하는 나라니.

어느 늦은 밤, 아이가 자고 있는 침실.
그날따라 먼지가 방바닥에서 나뒹굴고 있었다.
치우지 않으면 잠이 오지 않을 것 같았다.
차마 청소기를 돌릴 수는 없었다.
물티슈로 청소를 하려면 30장은 있어야 할 것 같고.
마침 날이 더워 창문은 활짝 열려 있었다. 아껴두었던 광덕 빗자루를 들었다.
비질은 가볍고 거침없었다. 침실부터 시작된 비질은 거실, 주방, 작은방,
아이 방까지 단숨에 해치웠다. 어째 비질이 무선 청소기보다 훨씬 더 빠르고
경쾌했다. 눈에 보이지 않는 미세먼지까지는 아닐지 몰라도
눈에 보이는 먼지 정도는 깨끗하게 쓸어주었다.
청소기의 크고 요란한 소음도 나지 않는다.
전기도 사용하지 않으니 드는 비용이라곤
구입 비용과 내 시간, 내 품뿐이다.

감히 확언할 수 있다. 꼭 광덕 빗자루가 아니어도
제대로 된 만듦새의 빗자루 하나가 몇십만 원짜리 청소기보다
훨씬 더 청소할 맛을 나게 해줄 거라고.
그저 게으름 부리며 간간이 물칠만 한 번씩 해주면
아마 10년 후에도 단정한 품으로 비질을 하고 있을 거라고.

* 모든 요리는 계량컵과 계량스푼으로 계량했어요.
1컵 = 200ml, 1큰술 = 15ml, 1작은술 = 5ml
일반 밥숟가락은 1큰술 = 10~12ml이므로 적당히 추가해주세요.

Recipe
2

펼쳐 놓은 레시피북

Set the table

차리다. 테이블

어떤 요리

메뉴 플래닝

매일의 집밥은 맛있는 숙제다. 가끔 친구들이 놀러 오는 날,
아이의 친구가 놀러 오는 날, 어른들이 방문하시는 날,
손님들을 위한 초대요리를 준비해야 하는 날엔
며칠 전부터 노트가 새카맣다. 집에서 함께 밥을 먹거나
차를 마시는 일은 굉장히 즐거운 일이지만
정성껏 만든 음식으로 정중하게 대접하는 일은
몹시 신경 쓰이는 일이다.

좋아하는 메뉴나 맛있어 보이는 메뉴를 잔뜩 준비해도
실패로 돌아간 일은 한두 번이 아니다.
맛이 비슷해 지루함을 주거나 궁합이 좋지 않아
한 곳으로만 젓가락질이 몰리기도 한다.
준비한 재료의 반도 소진하지 못하고
어물쩍 미완의 식탁을 낼 때도 있다.
무엇보다 손님들과 함께 식탁에 앉을 새도 없이
주방에서 뒷모습만 보이는 건 먹는 사람도,
요리하는 사람도 불편하긴 마찬가지다.

그럼, 어떤 요리가 좋을까?
어떻게 해야 더 행복한 식탁을 만들 수 있을까?

그릇 **진묵도예**, 갈색 컵 **현상화 작가**
그러데이션 컵 **광주요**

제철 식재료를 올린다

그 계절을 사는 식탁에는 그 계절을 사는 식재료가 오르는 것이 좋다. 최소한의 조리법만으로도 식탁은 한없이 풍성해진다. 재료 본연의 싱그럽고, 풋풋하고, 맵싸하고, 텁텁한 맛을 맘껏 즐길 수 있으니까.

메인 요리의 식재료는 되도록 겹치지 않는다

하나의 식탁 위에 비슷한 식재료로 만든 메인 요리가 여러 개 오르면 입맛이 지치기 쉽다. 예를 들어 조개젓, 꼬막전, 바지락무침, 홍합탕처럼 비슷한 식재료로 식탁을 차리면 맛이 지루해진다. 해산물을 좋아하지 않는 이의 입맛을 존중하지 않는 식탁이 될 우려도 있다. 그러니 메인 요리의 식재료는 최대한 겹치지 않도록 하자. 육류와 해산물, 채소를 적절히 섞고 샐러드처럼 가벼운 요리도 함께 준비하여 전체 상차림의 밸런스를 맞춘다.

음식의 온도와 식감에 다양성을 준다

취향이 다른 개개인의 입맛을 채우기 위하여 또는 먹을수록 둔해지는 입맛을 돋우기 위하여 여러 가지 성향의 메뉴를 준비한다. 따뜻하고 차가운 음식, 자극적이고 담백한 음식, 부드럽고 쫄깃한 음식, 육류와 해산물처럼 상반되는 메뉴를 준비하여 롤러코스터를 타듯 맛에 리듬을 준다. 준비한 음식의 가짓수가 적어도 풍성한 맛을 지닌 식탁을 완성할 수 있다.

후식은 꼭 준비한다

메인 메뉴가 부족했다면 후식에 힘을 주어도 좋다. 과일, 빵, 초콜릿, 차와 커피. 간단하지만 후식을 준비하면 이전까지의 음식이 조금은 어설펐더라도 정성스럽게 준비했다는 인상을 줄 수 있다. 후식은 아주 소소해도 좋다. 그래도 후식의 힘은 세다. 술을 곁들이는 자리라면 술과 어울리는 메뉴도 잊지 않고 준비한다. 밥을 다 먹은 뒤에도 계속 머물고 싶은 식탁이 될 테니.

다양한 조리방법으로 준비 시간을 줄인다

조리법이 비슷하면 준비하는 과정이 복잡해질 수 있다. 오븐을 사용해야 하는 요리가 많은 경우, 프라이팬은 2개인데 준비한 메뉴 3개가 모두 프라이팬이 필요한 경우, 냄비는 2개뿐인데 삶거나 끓이거나 조리는 요리가 많은 경우처럼 조리법이 겹치면 순서가 엇갈리고 동선이 꼬일 수 있다.

일상 식탁이 고민이라면…

영감을 얻기 좋은 곳이 있다. 마켓컬리, 헬로네이처, 심플리쿡, 더반찬, 배민찬 등 반찬 쇼핑몰과 식재료 쇼핑몰이다. 메뉴를 어떻게 구성하는지, 어떤 그릇에 담고 어떻게 플레이팅 하는지 구경하는 재미가 쏠쏠하다. 온라인이라서 눈치 볼 필요도 없고 꼭 구입해야 할 필요도 없다.

담다

플레이팅

'어떻게 담느냐, 어디에 담느냐?'는
내가 직접 만든 요리를 존중하는 것과 같다.
몇 시간씩 공들여 완성한 음식을 식기건조대에
엎어져 있던 아무 그릇에나 대충 담아낼 수는 없다.
시간이 조금 더 걸리더라도 정갈하게 담고,
고명을 얹고, 식기의 가장자리를 깨끗한 행주로 닦아낸 뒤
식탁에 올린다. 맛과 어울리는 담음새를 고민하는 건
내가 만든 음식을 더 잘 이해하는 방법도 된다.
숟가락을 들기 전부터 식욕을 돋게 하니,
음식이 더 맛있어지는 건 당연한 일이다.

어떤 그릇을 선택할까?

기본적으로 그릇마다 그 나라의 고유한 음식을 담는다.
한식기에는 한식을, 양식기에는 양식을. 그 나라 음식의 특성과 맛을
가장 잘 이해하는 건 그 나라의 그릇이니까.

흰 그릇, 검은 그릇

그릇의 색상이나 소재를 고민할 때는 음식의 색감, 식감, 특징, 온기를 고려한다. 대개 흰 그릇엔 빨강, 초록 등 색감 있는 음식이나 어두운 색의 음식을 담는다. 검은 그릇엔 순백색의 음식을 담는다. 그러나 검은 그릇에 어두운 색의 음식을, 흰 그릇에 순백색의 음식을 담아도 멋스럽다. 흰 그릇에 투명한 국이나 순백색의 요리를 담으면 담백하고 순수한 느낌을 강조할 수 있다. 검은 그릇에 어두운 색의 요리를 담으면 묵직하고 깊은 맛이 난다. 가끔 따뜻한 요리를 검은 그릇에 담아 요리의 온기를 짙게 드러내는 것도 좋다.

둥근 그릇, 네모난 그릇

둥근 접시는 부드럽고 따뜻한 분위기를 지녔다. 안정적이지만 자칫 지루해 보일 수 있다. 음식 종류에 크게 구애받지 않는 편이며, 어떻게 담느냐에 따라 다양한 분위기가 연출된다. 작은 크기의 둥근 그릇은 음식을 푸짐하게 보이게 하고, 큰 그릇은 여유롭고 근사한 분위기를 낸다. 테두리의 깊이와 넓이에 따라서도 분위기가 달라지며, 달콤한 디저트는 네모난 그릇보다 둥근 그릇에 담았을 때 더 달콤해 보인다.

타원형 접시는 우아하고 온화한 분위기가 있다. 편안하고 부드럽다. 어떤 방향으로 놓느냐에 따라 식탁에 긴장감을 주기도 하고, 한없이 느슨한 분위기를 연출하기도 한다. 정사각형의 네모난 접시는 간결하고 차가운 분위기를 낸다. 모던한 식탁을 연출하거나 조금 특별한 식탁을 만들고 싶을 때 네모난 접시에 장식을 더하면 둥근 접시보다 더 강렬한 분위기를 낼 수 있다. 직사각형 접시는 세련된 분위기가 있어 놓는 방향에 따라 분위기가 달라진다. 크기가 작은 여러 가지 요리를 나란히 놓고 싶을 때 추천. 비정형적인 접시나 모양이 특별한 접시는 포인트로 사용하기 좋다.

그릇 레이어드

그릇을 한 장 더 포개는 것만으로도 더욱 정성스럽게 대접하는 느낌을 줄 수 있다. 같은 라인의 그릇을 받치면 식탁에 깊이감이 생기고 색감이나 패턴, 소재가 대비되는 그릇을 받치면 식탁에 리듬감이 생긴다. 이때 아래에는 큰 접시, 위에는 그보다 작은 접시를 사용한다. 크기 차이로 드러난 여백은 즐겁다.

그릇에도 여백이 필요하다

음식을 소담하게 담아내는 것이 먹음직스러워 보이지만
때로는 조금 덜 채우는 것이 멋스러워 보일 때가 있다.
식탁은 많은 것들이 오르는 곳. 비워진 듯 채워진 접시가
적절히 있으면 시선이 머물기 편하다.
화려한 요리일수록 커다란 그릇을 선택하고
약간 부족한 듯 담아야 부담스럽지 않은,
편안한 분위기의 식탁이 된다.
특히 그릇에 있는 패턴을 살려
여백을 남기는 것도 좋다.

입체감 있게 담기

그릇의 가운데 부분이 봉긋하게 솟도록 음식을 담으면 그릇에 여백이 생기고 더욱 먹음직스러워 보인다. 그릇의 높이에 음식이 잠기거나 존재감을 잃는 일도 적다. 나물이나 샐러드 종류는 꾹꾹 눌러서 담지 말고 손에 힘을 빼고 털듯이 소복하게 담는다. 파스타나 국수를 그릇에 담을 때 단정한 담음새가 필요하다면 긴 젓가락을 이용해보자. 긴 젓가락으로 파스타를 돌돌 만 뒤 국자로 젓가락 끝을 받친 상태에서 그대로 그릇에 세워 담는다.

평범한 음식이 맛있어 보이는 한 끗, 고명

완성된 요리에 노랑, 빨강, 초록의 식재료로
색감을 추가하면 생기가 더해진다.
레몬을 얇게 슬라이스하거나 잘게 썬 쪽파를 흩뿌린다.
어린잎채소, 루콜라, 로즈메리, 바질, 래디시 등의 채소를
곁들이면 접시에 예쁜 색감과 계절감을 더할 수 있다.
달걀 프라이, 달걀지단, 삶은 달걀은
음식을 더욱 예쁘고 맛깔스러워 보이게 한다.

차리다

테이블 스타일링

사실 집에서는 대단히 멋진 스타일링이 필요하지 않다.
나에게 가장 행복한 순간은 어여쁜 그릇에 어여쁜 음식을
담아 식탁 위에 어여쁘게 내려놓는 순간이 아니다.
음식이 하나둘 사라지기 시작해
드디어 아무것도 담지 않은 그릇의 민낯이 온전히 드러날 때,
그때의 식탁이, 그때의 그릇이 가장 예뻐 보인다.

조금은 어설프더라도 내가 가진 것을 최대한 활용하여
채우는 테이블은 언제나 편안하고 따스하다.
그저 재미있는 이야기가 끊임없이 흘러나오고,
멀리 있는 음식을 덜기 위해 자리에서 일어나
편안히 돌아다닐 수 있고, 갑자기 찾아오는 정적도
즐거울 수 있다면 그걸로 족하다.

키친 크로스 한 장만 있다면

키친 크로스는 따스하고 다정하다. 그릇이나 냄비 밑에 잘 접어서 넣거나 무심한 듯 대충 걸치면 담담한 몸짓으로 테이블에 온기를 더한다. 가장 많이 사용하는 소재는 리넨이다. 구입하면 그대로 사용하지 말고 한번 세탁 후 사용해야 리넨 특유의 성긴 질감을 즐길 수 있다. 자연스러운 구김은 질박한 느낌을 내기도 한다. 과시적이지 않은 편안한 테이블을 연출하고 싶을 땐 많이 사용해서 적당히 해진 느낌의, 자연스러운 구김을 지닌 키친 크로스를 활용해보자. 반듯하지 않은 모양새에 테이블에 앉은 이들도 긴장을 허물게 된다. 색상은 화이트, 인디핑크, 그레이, 차콜, 네이비까지 주로 채도가 낮은 색을 선택하는 편이다. 무늬가 없는 것도 좋아하지만 체크나 스트라이프 또는 태슬 장식이 달린 제품도 좋아한다.

톤온톤, 톤인톤을 살린 테이블

여러 종류의 그릇을 믹스매치하는 경우 톤온톤(같은 색상에서 명도와 채도에 차이를 두는 것)이나 톤인톤(파스텔톤처럼 비슷한 명도나 채도에서 색상에 변화를 주는 것)으로 구성하여 테이블에 연속성을 둔다. 비슷한 소재나 물성의 그릇을 선택하면 정돈된 분위기를 연출할 수 있다. 단, 서양 식기와 한식기는 함께 오르지 않는 것이 좋다.

테이블 매트와 트레이를 사용한 스타일링

밥과 국, 간단한 반찬들을 테이블 매트나 트레이에 올리면 제대로 차린 한 상을 받는 듯한 느낌을 줄 수 있다. 소재, 재질, 색감이 다른 요리나 그릇을 하나의 트레이 안에 올려도 한 세트처럼 편안해 보인다. 찬이 부족할 경우 트레이 안에 모두 올리면 찬이 부족한 느낌도 덜하다.

메인 접시 대신 종지

특별히 메인 요리가 없거나 아기자기한 테이블을 연출하고 싶을 땐 작은 종지를 이용해보자. 순식간에 테이블이 가득 채워진다. 조금씩 정갈하게 담으면 모든 요리가 주인공이 된다.

포인트 접시가 있는 식탁

전체적으로 테이블이 단조롭고 밋밋하다면 포인트가 될 만한 색상을 가진 접시를 함께 둔다. 이때 포인트 색상은 둘 이하로 제한할 것. 너무 복잡한 패턴이나 화려한 디자인을 지닌 그릇이라면 흰색 그릇을 몇 개 더 올리거나 같은 색감의 그릇을 올려 밸런스를 맞춘다.

무쇠 냄비와 팬을 그대로 테이블에 올리는 스타일링

감성적인 디자인의 냄비, 뜨거움을 품은 무쇠 스킬렛 등은 그 자체로 근사한 테이블웨어가 된다. 지글지글, 보글보글 끓고 있는 그대로 테이블 위에 올려 그 모습을 지켜보는 건 늘 설레는 일이다.

색감 있는 음료 또는 물을 준비한다

투명한 유리병에 탄산수나 물을 담고 그 안에 제철 과일, 허브, 레몬, 라임 등을 조금 넣어 테이블 가운데에 놓는다. 청량감이 가득한 식탁이 된다. 물 하나도 정성스러운 대접을 받았던 날로 기억에 남을 것이다. 여름에는 시원해 보이는 유리컵, 겨울에는 따뜻해 보이는 도자기 컵을 선택한다.

Make meat broth

육수 공장 돌리는 날

Hand made mom's

팔팔
끓이는 게 좋아서

마음이 붕 뜨는 날엔 냉장고 깊숙이 머리를 쓱 들이밀고
이것저것 꺼내 육수를 만든다.
닭고기가 있으면 닭고기육수,
자투리 채소가 많은 날엔 채소육수,
이번 주는 좀 바쁘겠다 싶으면 멸치육수,
선도 좋은 양지머리가 있으면 소고기육수.
불 앞을 지키고 있는 것만으로도 무언가 생산적인 일을 하는 것 같아서
드러누워 머리를 싸매고 있기보단
퍼런 가스레인지 불 앞에 서서 복잡한 감정을 태운다.

주방 일을 하는 김에 잼팟에 찬물을 받아 유리병을 넣고 열탕 소독을 한다.
언제든 필요할 때 사용할 수 있도록 말이다. 완성된 육수를
미리 열탕 소독해둔 유리병에 담을 때 기분이 좋은 건, 아마 그 때문일 거다.
'오늘 내 마음이 이럴 줄 어떻게 알고, 유리병을 소독해 두었지?'

넉넉히 만든 육수가 유리병만으로 부족할 때는 스탠드형 지퍼백에 넣고
이름을 적어 다소곳하게 세워 냉동실에 보관한다. 픽픽 쓰러지거나
언 모양이 흐트러지지 않도록 좁은 바구니에 안에 넣으면 더없이 좋다.
실리콘 소재의 아이스 몰드에 넣어 얼리는 것도 애용하는 방법이다.
하나씩 톡톡 빼어 쓸 때마다 재미는 덤이다.

냉장고 수납 용기 **창신리빙**, 유리병 **이케아**
핸드메이드 캄포나무 도마 **맘스공방**

멸치다시마육수

국물 요리의 터줏대감

부엌에서 1년 내내 떨어질 날이 없다.
냉동실 속 꺼내기 좋은 명당자리를 늘 점유한다.
늘 그곳에 있는 멸치는 같은 칸 옆자리의 다시마와 냉동실에서 잠시 헤어졌다가 냄비 안에서 다시 만난다. 보글보글 뜨거운 물에서 휘휘 수영하며 고소한 맛, 단맛, 감칠맛을 잔뜩 내어놓는다. 완성된 요리에는 멸치와 다시마가 보이지 않는다. 하지만 품었던 맛은 그대로 담겼다. 숨어 있는 치트키랄까.

준비하다

국물용 멸치 30마리
다시마 2장(사방 10cm)
물 3L

+ 더해도 좋은
마른 고추 1개
디포리 약간
마른 새우 약간
마른 표고버섯 약간
대파 · 양파 · 무 등 자투리 채소

요리하다

1 다시마는 살짝 젖은 행주나 키친타월로 겉면을 가볍게 닦은 뒤 가위로 칼집을 낸다. 냄비에 찬물을 붓고 손질한 다시마를 넣어 20~30분 정도 우린다.

2 국물용 멸치는 내장만 떼어내고 머리는 그대로 둔다. 아무것도 두르지 않은 마른 팬을 살짝 예열한 뒤 멸치를 넣어 2~3분 정도 덖으며 비린 맛과 수분을 날린다.

3 고소한 냄새가 나면 멸치를 체에 넣고 부스러기를 살짝 털어낸 다음 다시마를 우린 냄비에 넣는다. 뚜껑을 연 상태로 센 불에서 끓인다.

4 물이 끓어오르면 다시마를 건져내고, 약한 불로 줄여 15분 정도 더 끓인다. 중간중간 끓어오르는 거품은 걷어낸다.

tip. 멸치를 넣은 육수는 오래 끓이면 구수한 맛은 깊어지지만 멸치의 비린 맛과 잡내가 진해질 수 있어요. 다양한 요리에 베이스로 사용하려면 15분 정도 끓이는 게 적당해요.

5 고운 체나 면포에 걸러 맑은 국물만 받는다.

tip. 냉장 보관은 1주일, 냉동 보관은 1개월 정도예요.

1 2 3 4 5

소고기육수

묘하게 깊은 맛

큰 냄비를 꺼낸다.
양지머리 겨우 300g이 만들어낼 구수한 국물맛을 상상하니 벌써부터 허기가 진다. 작은 봉지 속 짙은 갈색 소고기다시다로는 절대 따라 할 수 없는, 진짜 깊은 맛을 선물한다. 푹 끓여 맑고 개운한 소고기육수만 준비되어 있으면 왠지 든든해진다. 마음만 먹으면 육개장, 떡국, 미역국, 소고기뭇국과 같은 요리를 뚝딱 만들 수 있다. 선도 좋은 양지머리가 있다면 때로는 향신채 없이 물과 양지머리만 넣어 수수한 소고기육수를 만들어도 좋다. 향신채를 넣으면 육류 특유의 잡내를 잡을 수 있지만, 보관할 수 있는 기간은 짧아진다.

준비하다

소고기(양지머리) 300g
무 1/5개
대파 흰 부분 7~8cm(뿌리째)
다시마 2장(사방 10cm)
월계수 잎 2~3장
마늘 7쪽
생강 1톨
통후추 1작은술
물 2L

요리하다

1 소고기는 덩어리째 준비해 찬물에 30분 이상 담가 핏물을 제거한다. 1~2번 정도 물을 갈아준다.
2 냄비에 물을 붓고 소고기, 무, 대파, 다시마, 월계수 잎, 통후추를 넣는다. 생강은 저미고, 마늘은 칼등으로 반쯤 누른 다음 냄비에 넣는다.
3 센 불에서 끓이다가 물이 팔팔 끓어오르면 다시마를 건져내고 뚜껑을 닫은 뒤 중약불에서 1시간 이상 뭉근히 끓인다.

tip. 월계수 잎 특유의 향은 거의 날아가지만 약간은 남을 수 있어요. 월계수 향을 좋아하지 않는다면 중간에 건져내거나 아예 넣지 마세요.

4 소고기와 향신채를 모두 건져낸 뒤 면포에 걸러 맑은 국물만 받는다.

1 2 3 4

채소육수

맑은 국물의 매력

냉장고에 자투리 채소가 가득하다면 모두 꺼내 보글보글 끓인다.
처치 곤란이었던 애물단지 채소들 속에 남아 있던 모든 영양분이 육수에 그득 담기길 바라며 애정 가득한 눈길을 보낸다. 완성된 채소육수로 요리를 하면 맛에 층이 생기고 조금 더 깊어지는 느낌이다. 요란하게 치장한 감칠맛과는 거리가 멀다. 담백하고 개운한 감칠맛이 입안 가득 감돈다. 맛이 강하지 않아 죽, 수프, 국물 요리 등 다양한 요리에 쓸 수 있다. 채소육수를 만들기 번거롭다면 채소를 살짝 데친 물을 사용하는 것도 방법이다.

준비하다

무 1/4개
당근 1/2개
애호박 1/3개
양배추 3~4장
양파 1개(껍질째)
마른 표고버섯 4~5개
대파 1대(뿌리째)
다시마 1장(사방 10cm)
마늘 3쪽
물 3L

요리하다

1 양파는 껍질째 씻고, 대파는 뿌리 부분을 솔로 깨끗하게 씻는다. 무, 당근, 애호박은 맛이 빨리 빠져나오도록 칼집을 깊게 낸다. 마늘은 칼등으로 눌러 반쯤 으깬다.

2 다시마는 살짝 젖은 행주나 키친타월로 겉면을 가볍게 닦은 뒤 가위로 칼집을 낸다. 냄비에 찬물을 붓고 다시마를 넣어 20~30분 정도 우린다.

3 다시마를 우린 물에 모든 재료를 넣고 센 불에서 끓인다. 물이 끓어 오르면 다시마를 건져내고, 약한 불로 줄여 1시간 정도 푹 끓인다.

4 모든 재료가 부드럽게 익고 채소의 맛이 잘 우러나오면 고운 체나 면포에 걸러 맑은 국물만 받는다.

tip. 냉장 보관은 1주일, 냉동 보관은 1개월 정도예요.

1 2 3 4

닭고기육수

맛국물의 위대함

준비하다

닭 1마리(1.5kg)
양파 1/2개(껍질째)
대파 흰 부분 7~8cm(뿌리째)
월계수 잎 2장
마늘 5쪽
생강 1톨
통후추 1작은술
물 3L

요리하다

1 닭은 꼬리를 자르고 껍질을 벗긴다. 하얀 지방은 가위로 잘라낸다. 흐르는 물에 닭을 씻으면서 뼈에 붙어 있는 내장과 불순물을 손끝으로 살살 긁어내 제거한다.
2 양파는 껍질째 씻고, 대파는 뿌리 부분을 솔로 깨끗하게 씻는다. 생강은 저미고, 마늘은 칼등으로 눌러 반쯤 으깬다.
3 커다란 냄비에 물을 넣고 손질한 닭과 모든 재료를 넣은 뒤 센 불에서 끓인다. 물이 끓어오르면 약한 불로 줄여 50분 정도 푹 끓인다. 떠오르는 거품과 기름은 수시로 걷어낸다.

tip. 센 불에서 계속 끓이면 육수가 맑지 않고 탁해져요. 거품과 기름은 제거해야 맑고 담백한 육수가 됩니다.

4 닭과 월계수 잎을 건져낸다. 살을 발라낸 뒤 닭뼈만 냄비에 다시 넣고 약한 불에서 40분 정도 더 끓인다.
5 닭뼈와 채소를 면포에 걸러 맑은 육수만 받는다. 겨울이라면 서늘한 곳에, 여름이라면 냉장고에 넣어 식힌다.
6 기름이 둥둥 떠올라 하얗게 굳으면 다시 면포에 걸러 맑은 육수만 받는다.

tip. 냉장 보관은 3일, 냉동 보관은 1개월 정도예요.

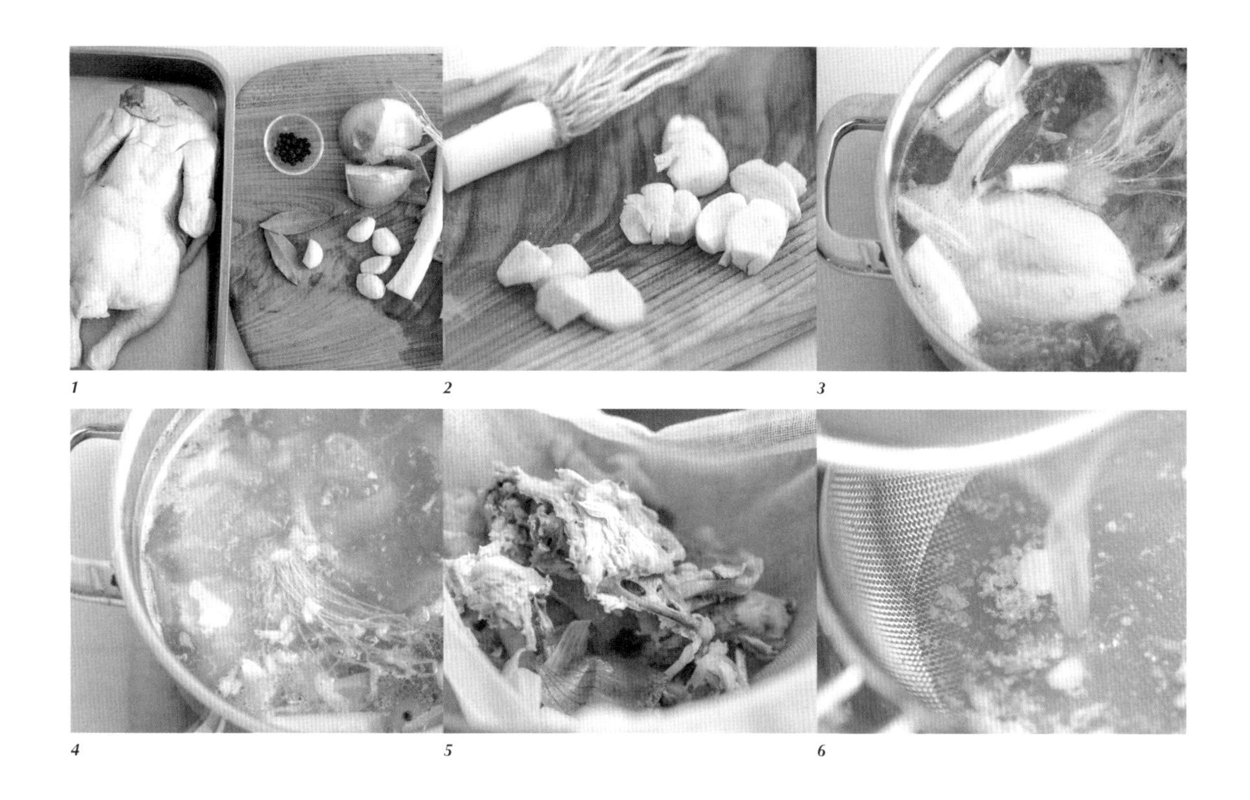

1 2 3 4 5 6

부드러운 감칠맛을 지닌 닭고기육수는 동·서양의 요리에 두루 쓰인다.
짬뽕, 라멘, 쌀국수는 물론 서양의 수프나 파스타, 한식의 국이나 죽, 밀면, 초계탕 등을 요리할 때 기본 육수가 된다.
닭은 직접 발골하여 닭뼈만 육수를 우리는 데 사용해도 좋고, 통째로 삶은 뒤 닭고기를 건져내 살만 발라내도 좋다. 육수용 닭은 영계보다 노계를 사용한다. 맛이 더 깊고 진하다. 닭고기육수가 없을 땐 구운 닭고기육수를 베이스로 한 큐브형 치킨스톡을 사용하기도 하는데, 조미료가 들어가 있어 호불호가 있는 편이다.

맛간장

여기저기 만능으로 쓰이는

뭐 하러 간장을 끓이고 숙성시켜서 맛간장을 만드나, 하던 때가 있었다. 그런 생각도 잠시. 채소육수와 이런저런 재료를 넣어 바글바글 끓인 뒤 하루쯤 숙성시킨 맛간장은 즉석에서 간장에 설탕을 넣은 것과는 다른 차원의 맛을 보여준다. 단맛은 뾰족하지 않고 둥글다. 간장의 풍미는 더욱 깊다. 일부러 윤기를 내려고 하지 않아도 된다. 어느새 은은한 윤기가 도는 둥근 단맛의 요리가 완성될 테니까. 나는 신혼 초부터 〈반찬 수업〉의 저자인 다정 선생님의 맛간장을 좋아했다. 우리 집 비법 간장은 다정 선생님의 맛간장으로 시작해 조금씩 변하고 있다. 이제 미리 만들었던 채소육수를 꺼낼 때다. 채소육수가 없다면 냉장고 속 자투리 채소를 꺼내 채소육수를 먼저 만든 뒤 맛간장을 만들어보자. 육수 대신 물을 사용해도 괜찮지만, 이왕 불 앞에 서기로 한 거 제대로 만들어보는 게 어떨까? 진짜 맛간장의 맛을 즐길 수 있도록.

원터치 유리병 **실리쿡**

준비하다

사과 1/3개
레몬 1/3개
간장 2½컵
설탕 1⅓컵
채소육수 1/2컵
청주 1/4컵
맛술 1/4컵

요리하다

1 사과와 레몬은 베이킹소다를 이용해 깨끗하게 씻는다. 레몬은 뜨거운 물에 30초 정도 데친다. 물기를 제거한 뒤 각각 얇게 슬라이스한다. 냄비에 간장, 설탕, 채소육수를 넣고 센 불에서 끓인다.
2 간장물이 끓어오르면 청주와 맛술을 넣고 바르르 끓인다. 특유의 알코올 냄새가 날아가면 슬라이스한 사과와 레몬을 넣고 불을 끈다.
3 그대로 뚜껑을 덮어 하루 정도 숙성시킨다.
4 면포에 걸러 국물만 받는다. 열탕 소독한 유리병에 나누어 담는다.

tip. 냉장 보관하면 3~4개월 동안 먹을 수 있어요.

1 2 3 4

Cook rice

모락모락, 하얀 쌀밥

왜 내가 지은 쌀밥은 맛이 없을까?
밥알이 입안에서 탱탱볼을 하고
고소함과 단맛이 줄다리기를 하고
근사한 반찬 없이도 꿀떡 넘어가는 엄마의 밥이 그리웠다.

맛있는 밥 짓기

마음만 먹으면 원하는 레시피는 누구나 얻을 수 있는 시대다.
요리책을 뒤적이거나 인터넷 검색 몇 번이면 영양밥, 죽, 떡, 필라프,
리조또 같은 레시피가 뚝딱 나온다. 그럼에도 왠지 허한 마음이 든다.
우리의 일상을 채우는 건 특별식과는 거리가 멀다.
엄마에게 '오늘 밥은 뭐야?'라고 물으면 열에 아홉은 '그냥 밥'이라고 답하셨다.
쌀에 물을 부어 익히는 그냥 밥이었지만,
엄마처럼 매일매일 먹어도 맛있는 밥을 짓고 싶었다.
우선 좋은 쌀을 골라 적합한 곳에 보관하는 것부터 시작해볼까.
직사광선이 내리쬐지 않고 바람이 잘 드는 서늘한 곳에 둔다.
여름엔 1~2주 정도 실온에서 보관해도 좋지만
이왕이면 밀폐 용기에 넣어 냉장고에 보관하는 게 좋다.

무쇠 냄비 **스타우브**, 밥그릇 **와후재팬**
나무 주걱 **이케아**

차진 밥

압력솥

집 안 구석구석을 덮는 요란한 추 소리는 "덕아, 정아 밥 먹자~"라는 엄마의 외침이 없어도 우리 자매를 자연스럽게 주방으로 모이게 했다. 어느새 갓 지은 쌀밥이 밥그릇에 담겼다. 압력솥의 추 소리는 우리에게 맛있는 소리로 들렸다.

신혼 초, 시끄러운 소리를 내는 압력솥은 건드리기만 해도 폭발할 것만 같았다. 내 심장도 덩달아 폭발할 것 같았다. 흔들리는 추가 무서워 팔만 길게 뻗어 불을 줄이고 멀찍이 떨어져 있다가 추의 흔들림이 잦아들고서야 슬그머니 다가가 추를 눕혀 압력을 뺐다. 압력솥으로 지은 밥은 쫀득쫀득 탱글탱글 맛은 좋지만 무서웠다. 내가 지은 밥의 공포에 익숙해지는 데엔 한참이나 걸렸다. 지금은 아주 쿨하게 '이런 거쯤이야' 하며 불 조절하는 내가 되었지만 말이다.

압력솥 **쿤리콘**, 밥그릇 **남대문 그릇도매상가**

밥물은 생쌀 기준으로 쌀:물 = 1:1.
햅쌀이라면 물을 조금 덜 넣는다. 압력솥으로 밥을 할 때는 전기밥솥보다 물을 약간 적게 잡는다. 쌀의 양은 압력솥의 2/3 이상을 넘기지 않는 편이 좋다. 뚜껑의 고무패킹도 제대로 장착되었는지 다시 한번 확인한다. 추가 달린 압력솥이라면 불에 올리기 전에 반드시 똑바로 세워 놓는다. 손잡이 부분의 밸브는 딸깍 소리가 나도록 장착한다.

압력솥을 센 불에 올린다. 이때 불꽃은 냄비 바닥을 넘어가지 않아야 한다. 추가 세차게 흔들리기 시작하면 약한 불로 줄여 2~3분 정도 더 두었다가 불을 끈다. 그대로 10~15분 정도 뜸을 들인다. 압력이 차 있다면 추를 살짝 옆으로 눕혀 안에 남아 있던 김을 빼낸다. 김이 잦아들면 뚜껑을 연다. 주걱을 이용해 잘 익은 밥을 위아래로 뒤집어준다. 뜨거운 김을 날리며 공기층을 만들어준 뒤 밥그릇에 소복이 담는다.

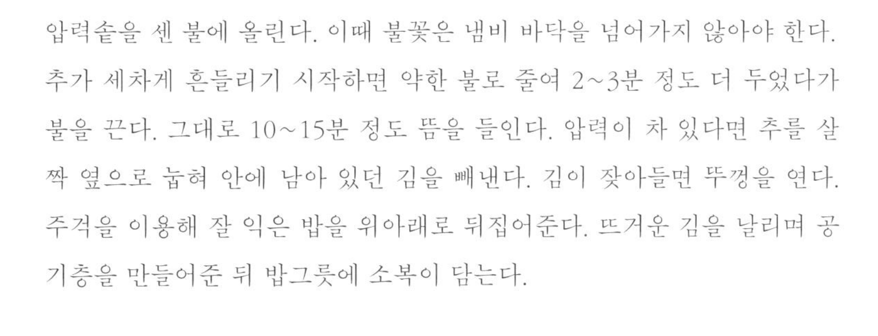

고슬고슬한 밥

무쇠 냄비

무쇠 냄비는 손목이 나갈 것처럼 무겁다. 그 무게만큼이나 과묵하다. 작은 구멍으로 허연 김을 뿜어대거나 뚜껑을 덜컥대는 행위로 '나 밥하고 있어요. 나 국 끓이고 있어요'라며 으스대지 않는다. 우습게도 무쇠 냄비가 묵묵히 요리하는 동안 나는 똥 마려운 강아지가 된다. 안이 들여다보이지 않으니 답답하다. 중간중간 뚜껑을 열어 확인하고 싶은 마음을 꾹꾹 누른다. 그저 냄새와 소리로 어떤 상태인지 상상만 해볼 뿐. 타이머가 울리면 늦지 않게 불 조절을 한다.

무쇠 냄비에 밥을 지으면 고슬고슬하다. 무거운 무쇠 뚜껑이 수분의 증발을 막고 내부의 압력을 높여 일반 냄비보다 더 고온에서 밥을 익히기 때문이다. 압력솥에 비해 차진 느낌은 덜하지만 대신 밥알이 한 알 한 알 살아있는 듯 씹힌다. 윤기도 흐른다. 밥 향도 좋고 밥맛도 참 좋다.

쌀은 체에 밭친 상태로 30분 정도 불린다. 무쇠 냄비 특유의 식감을 살리기 위해서다. 밥물은 일반 냄비나 전기밥솥보다 약간 적게 잡는다. 충분히 불린 쌀의 경우 1~2인분 기준으로 쌀:물 = 1:1.1이 적당하다. 3~4인분을 지을 때는 쌀:물 = 1:1이면 된다.
쌀의 양이 늘어날수록 물을 조금씩 덜 잡는다.
쌀의 양이 줄어들수록 물을 조금씩 더 잡는다.
무쇠 냄비에 불린 쌀을 담는다. 뚜껑을 덮고 중불에서 7~10분 정도 끓인다. 증기가 나오며 보글보글 끓는 소리가 들리기 시작하면 중약불로 줄였다가 아주 약한 불로 줄여 10~15분 정도 더 끓인다. 불을 끄고 7~10분 정도 뜸을 들인다.

누룽지가 먹고 싶을 땐 불을 끄기 전에 센 불로 올려 1~2분 정도 더 끓인다. 고소한 냄새가 나고 바닥에 밥알이 달라붙는 소리가 나면 불을 끈다. 밥을 다 퍼내고 냄비 바닥에 붙어 있는 밥을 약한 불에 잠시 올리면 얇고 바삭한 누룽지가 완성된다.

무쇠 냄비 **스타우브, 르크루제**
밥그릇 **와후재팬**

구수한 밥

뚝배기 돌솥

뚝배기는 너그러운 성정을 지녔다.
이것저것 넣어도 푸념 없이 담아준다.
투박함 안에 품은 밥은, 그 구수함이 남다르다.

끓기 시작할 때부터 불을 끄고 뜸을 들일 때까지 뚜껑의 작은 구멍에선 하얀 김이 쉼 없이 흘러나온다. 열어보고 싶어 몸이 배배 꼬인다. 끝나지 않을 것 같았던 10분이 지나고 뚜껑을 열면 조용히 숨어 기다리고 있던 따스한 김이 와락 얼굴로 달려든다. 봉긋하게 솟아오른 밥, 바닥에 눌어붙은 누룽지는 선물 같다. 식기 전에 서둘러 밥을 퍼 담고 뚝배기엔 따뜻한 물을 부어 뚜껑을 덮어둔다. 밥 한 공기를 비울 때 즈음 열어보면 식지 않은 따뜻한 숭늉이 디저트가 되어 기다린다. 구수하게 후루룩 들이켜면 '밥 참 잘 먹었다'라는 생각이 절로 든다. 뚝배기 돌솥밥을 지을 때면, 내 일상도 따라서 따뜻하고 느긋해지는 기분이다. 조금은 느리지만 그만큼 더 구수하다.

밥물은 불린 쌀 기준으로 쌀:물 = 1:1.1 비율로 잡는다.
수분 함량이 많은 채소나 다른 재료들을 넣는다면 물을 조금 덜 잡는다. 채소나 버섯, 조개와 같은 어패류, 갑각류는 처음부터 넣는 것이 좋다. 단 생선류는 따로 구워서 뜸을 들일 때 넣는다. 그래야 비린내가 밥에 배지 않고 생선 살이 탱글탱글해진다.
뚜껑을 덮는다. 뚝배기 바닥을 넘지 않는 선에서 가장 센 불로 끓이다가 밥물이 보글보글 끓어오르는 소리와 함께 구멍에서 센 김이 뿜어나오면 중불로 줄여 2분 더 끓인다. 누룽지 타는 냄새가 나면 재빨리 불을 끈다. 그대로 10~15분 정도 뜸을 들인다.
밥을 덜어낸 뒤 바닥의 눌은밥에 뜨거운 물을 붓고 뚜껑을 닫는다. 얼마 지나지 않아 엄마가 해주던 그 숭늉을 맛볼 수 있다.
가능하면 1인용 뚝배기를 장만하여 밥을 지어보자. 매일매일 나만을 위한 특별한 밥을 먹는 것 같은 기분이 들 테니.

뚝배기 **진묵도예**

Smoothie & Beverage

홀짝, 한 모금

Urbänlike

Strawberry yogurt smoothie
딸기요거트스무디

요거트와 생크림, 여기에 아이스크림까지. 달콤한 친구들이 딸기 근처로 모여든다.
열심히 섞어 차곡차곡 쌓으니 분홍-하양-빨강-하양-빨강.
사랑스러운 레이어의 어여쁜 딸기 음료가 되었다.

아이의 사랑을 듬뿍 받을 수 있는 비장의 레시피 중 하나.
특별한 날을 더욱 특별하게 만들어줄 음료 중 하나.
5살 딸아이가 좋아하는 것들만 모여 있어 "엄마 최고!" 소리를 10번쯤은 거뜬히 들을 수 있다. 먹을 땐 스푼을 직각으로 내리꽂아 여러 층의 맛을 한 번에 스푼에 담는다.
달콤함, 상큼함, 시원함, 포근함, 향긋함까지 입안 가득 담긴다.

준비하다

(2잔)

딸기 25개
요거트 2~3통(90ml)
생크림 1½컵
아이스크림 2스쿱
민트 잎 약간
슈가파우더 약간
설탕 3큰술

+ 더해도 좋은

블루베리 4~5개
얼린 우유 3~4조각
얼음 3~4조각

요리하다

1 딸기는 깨끗이 씻어 물기를 제거한 뒤 12개는 크게 듬성듬성 썰고(블렌더용), 2개는 꼭지만 잘라낸다(토핑용). 7개는 반으로 자르고(토핑용), 4개는 얇게 슬라이스한다(데코용).

2 볼에 생크림과 설탕 1큰술을 넣고 휘핑하다가 다시 설탕 1큰술을 넣고 휘핑한다.

3 블렌더에 요거트와 크게 듬성듬성 자른 딸기, 설탕 1큰술을 넣고 곱게 간다.

tip. 시원한 맛을 더하고 싶을 땐 얼린 우유나 얼음을 몇 조각 추가해도 좋아요.

1
2
3

4
5
6

4 유리컵에 요거트와 딸기를 간 음료를 넣고 그 위에 휘핑한 생크림을 얇게 한 층 올린다.
5 얇게 슬라이스한 딸기를 컵 안쪽에 촘촘히 붙인 뒤 컵 가운데에 아이스크림 한 스쿱을 올린다. 아이스크림과 컵 사이의 빈 공간에 생크림을 채우며 봉긋하게 쌓아 올린다.
6 반으로 자른 딸기를 생크림 위에 촘촘히 얹은 뒤 꼭지만 잘라낸 딸기를 중앙에 꽂는다. 슈가파우더를 솔솔 뿌리고 민트 잎을 올린다. 같은 방법으로 하나 더 만든다.

이중 유리컵 **마린**
와인잔 **스토즐**
도마 **장스목공방**

음료를 담을 만한 적당한 유리컵이 보이지 않을 때는 와인잔을 꺼내 보는 건 어떨까. 얇디얇은 와인잔의 유려한 곡선이 로맨틱한 속삭임을 들려줄지도 모른다.

Sangria
샹그리아

스페인과 포르투갈의 대표 음료, 샹그리아.
스페인어로 피, 상그레(Sangre)에서 유래되었다.

짙은 어둠이 발끝에 채이던 이태원 어느 골목.
친구와 이대로 헤어지기가 아쉬워 딱 한 잔만 더하기로 했다.

투명한 유리 물병에 담긴 검붉은 술과 새하얀 와인잔이 커다란 쟁반에 담겨 나왔다. 친구가 각자의 잔에 과일을 담고 술을 한 잔씩 따라주었다. 나는 그동안 반쯤 차 있는 유리 물병을 유심히 관찰했다. 그때까지 보았던 술 중 가장 예뻤다.
술잔을 부딪친 다음 가녀린 와인잔 끝에 입술을 가볍게 가져다 댔다. 입안으로 흘러들어오는 빨간 맛에 놀라 눈이 휘둥그레졌다. 짙고 깊으며 달콤하고 향긋했다. 입에 머금은 와인을 목구멍으로 흘려보내기 아까울 정도였다. 난생처음 맛본 그 예쁜 와인은 잊지 못할 여름밤을 선물해주었다. 10년쯤 지난 지금도 그날 밤, 우리가 어떤 옷에 어떤 가방을 들고 있었는지 생생하게 기억나는 걸 보면 말이다.

우드 홀더 컵 **제나글라스**, 와인잔 **스토즐**, 유리 물병 **이케아**
작은 사이즈 월넛 도마 **장스목공방**, 핸드메이드 캄포나무 도마 **맘스공방**

준비하다
(3~4잔)

드라이한 레드와인 1병
사과 1개
오렌지 1개
레몬 1개
자몽 1/2개
블루베리 3큰술
갈색 설탕 3큰술

+ 더해도 좋은
라임 1/2개
파인애플, 배, 딸기 등 약간
민트 잎 약간
오렌지주스 1컵
사이다 1/2컵
브랜디 1/2컵

요리하다

1 사과, 오렌지, 레몬, 자몽은 베이킹소다로 깨끗이 씻은 뒤 물기를 제거한다. 사과는 반을 갈라 씨를 제거한 뒤 얇게 슬라이스하고, 레몬은 씨를 제거하고 둥근 모양을 살려 자른다. 오렌지와 자몽은 부채 모양으로 얇게 썬다.

tip. 자몽은 취향에 맞는 경우에만 넣어요. 자몽 특유의 쓴맛이 와인으로 빠져나와 입에 맞지 않을 수 있어요.

2 유리 물병에 손질한 과일과 블루베리를 차곡차곡 쌓은 뒤 갈색 설탕을 넣는다.

3 드라이한 레드와인을 모두 붓고 뚜껑을 닫는다. 냉장고에 넣어 2시간 이상 숙성시키면 샹그리아가 완성된다.

tip. 숙성하는 과정 없이 바로 마실 때는 과일과 와인이 잘 어우러질 수 있도록 나무로 된 스푼으로 충분히 저어요.

4 컵에 라임, 파인애플, 배, 딸기 등 과일을 조금 채우고 숙성시킨 샹그리아를 붓는다. 기호에 따라 오렌지주스, 사이다, 브랜디 등을 섞는다. 나무로 된 스푼으로 과일을 눌러 으깬 뒤 충분히 젓는다.

1 ···▸

2

3

4

Mojito

모히토

쿠바의 전통 음료인 모히토는 후텁지근한 여름밤과 잘 어울린다.
시각적으로도 후각적으로도 미각적으로도. 온몸으로 청량함의 끝을 알리는 이 에메랄드빛 칵테일은 눅눅하고 뜨거운 여름을 잠시 물려준다.

한 모금, 두 모금.
달콤하고 상큼하며 차갑다.
기분 좋게 홀짝이다 보면 어느새 취기가 돈다. 자리에서 벌떡 일어나 활짝 열린 창문 곁으로 다가간다. 들락거리는 미풍이 느껴진다.
끈적한 대기가 아주 잠깐이지만 오히려 고맙게 느껴졌다. 땀이 송골 맺힌 이마를 쓱 닦고는 다시 의자에 앉아 시원한 모히토 한 모금을 들이켠다.

준비하다
(2잔)

라임 2개
민트 잎 20장
얼음 2컵
화이트 럼 1/2컵
탄산수 1병(200ml)
설탕 2큰술

요리하다

1 라임은 껍질째 사용하기 때문에 베이킹소다를 이용해 깨끗하게 닦고 물기를 제거한다. 라임의 양쪽 끝을 잘라낸 뒤 도마 바닥에 데굴데굴 굴린다.

tip. 라임을 굴려주면 라임즙을 내기 쉬워요.

2 라임은 1/2개 정도만 둥근 모양을 살려 얇게 슬라이스하고(데코용), 나머지는 두툼한 부채 모양으로 썬다.

3 민트 잎은 찬물에 담가두었다가 건져내 물기를 제거한 뒤 잎을 한 장씩 뜯는다. 이때 손바닥에 민트 잎을 올려놓고 가볍게 손뼉을 치듯 쳐주면 향긋함이 짙어진다.

4 2개의 유리컵에 라임과 민트 잎을 나눠 담고 각각의 잔에 설탕을 1큰술씩 넣는다.

1
2
3
4

5
6
7
8

골드림 유리컵 **개미창고**
핸드메이드 캄포나무 도마 **맘스공방**

5 라임즙이 나오도록 밀대나 단단한 것으로 꾹꾹 눌러 으깬다. 이때 오랫동안 강하게 으깨면 라임의 흰 부분에서 쓴맛이 우러나와 모히토가 써지므로 주의한다.
6 얼음은 면포에 넣고 밀대로 두드려 잘게 부순 다음 1/3 분량을 남겨놓고 나머지를 각각의 유리컵에 넣는다.
7 화이트 럼을 각각의 유리컵에 50ml씩 넣은 뒤 탄산수를 컵의 2/3만큼씩 채운다.
8 남겨두었던 1/3 분량의 잘게 부순 얼음을 마저 유리컵에 나눠 담고 얇게 슬라이스한 라임과 민트 잎을 올려 장식한다.

Vin chaud

뱅쇼

프랑스의 감기약, 따뜻한 와인 뱅쇼(vin chaud).
기온이 낮아지기 시작하면 싸구려 와인 대여섯 병을 사러 간다. 알코올 도수는 쳐다도 보지 않는다. 저렴하고 달콤하면 합격이다.
우리의 낭만까지 얼어붙을 것 같은 어느 추운 날.
앞치마를 두르고 가스레인지 앞에 서서 와인을 냄비에 모두 붓고 끓인다. 불을 만나 뜨겁게 달아오른 와인을 지켜보다가 냉장고 문을 열어 굴러다니는 과일 몇 개를 꺼내 썬다. 계피 몇 조각, 정향 몇 개, 통후추 몇 알을 던져 넣고는 불 앞을 잠시 떠났다가 한 번씩 가스레인지 근처를 괜히 어슬렁댄다. 향긋함이 남김없이 모여 응축되길 바라면서.

그렇게 끓여낸 뱅쇼는 까닭 없는 헛헛함을 달랜다. 따끈한 위로 한 잔.
차가운 손에 따뜻한 잔을 쥐고 호호 불며 마시다 보면 잊었던 겨울의 낭만이 뭉게뭉게 피어오른다.

준비하다

(2~3잔)

레드와인 1병(750ml)
오렌지 1개
레몬 1개
시나몬 스틱 2개
정향 4개(생략 가능)
갈색 설탕 2큰술
통후추 1작은술

+ 더해도 좋은

사과 1개
팔각 등 향신료 약간

요리하다

1 오렌지와 레몬은 베이킹소다를 이용해 깨끗하게 씻는다. 물기를 제거한 뒤 둥근 모양을 살려 얇게 슬라이스한다.

2 냄비에 레드와인을 모두 붓는다. 갈색 설탕을 넣고 중약불에서 끓이며 녹인다.

3 갈색 설탕이 모두 녹으면 손질한 오렌지와 레몬, 시나몬 스틱, 정향, 통후추를 넣는다.

tip. 기침과 감기에 좋은 정향은 향이 강한 편이라 약간만 넣어요. 일부러 구입해야 한다면 생략해도 좋아요.

4 거품이 생기거나 팔팔 끓지 않도록 주의하며 아주 약한 불로 줄여 20~40분 정도 뭉근히 끓인다.

1
2
3
4

뱅쇼는 피로회복과 감기에 좋은 음료다. 샹그리아와 들어가는 재료는 비슷하지만 들어가는 와인의 종류에는 약간 차이가 있다. 뱅쇼는 냄비에서 오랜 시간 끓이기 때문에 알코올이 많이 날아간다. 때문에 도수는 크게 신경 쓸 필요가 없다. 다만 타닌이 적은 스위트 와인을 선택하는 게 좋다.
오렌지나 레몬에서 나오는 특유의 쓴맛이 거슬린다면, 레몬의 씨는 제거하고 오렌지는 껍질을 벗겨 중간의 하얀 부분을 최대한 제거한 다음 껍질과 과육을 넣어 끓인다. 뱅쇼가 남을 경우 체를 밭쳐 맑은 와인만 받아 냉장 보관한다. 마시기 전에는 데워서 마실 것.

유리컵, 우드 홀더 컵 **제나글라스**

SKAGIT RIVER RAILWAY

Everyday table

일상 식탁

아보카도명란비빔밥

아침부터 맛있는 것이 먹고 싶은 날,
잘 익은 아보카도가 있다면 메뉴 결정은 좀 쉬워진다. 남편에겐 꼭 시어빠진 김치를 곁에 두고 먹어야 하는 요리이지만, 우리 담이에겐 엄마 "그린(Green) 요리해줘"라며 먼저 찾는 요리, 아보카도명란비빔밥이다.

그릇에 밥 한 공기씩 담고 아보카도를 듬뿍 얹는다. 명란젓은 싹싹 긁어 올리고 달걀 프라이 하나, 김가루를 약간만 뿌린다. 참기름은 또로록 흘려 넣는다. 달걀노른자를 톡 하고 터트려 담백한 아보카도, 고소한 참기름, 향긋한 김가루에 스미도록 비빈다. 물렁물렁했던 아보카도는 숟가락질 몇 번에 부드럽게 으스러져 초록 빛깔만 남기고 스러져간다. 숟가락 끝에 감도는 기름진 맛은 오늘은 어떤 일이든 할 수 있을 것만 같은 용기를 준다.

준비하다

(2인분)

밥 2공기
아보카도 1개
명란젓 2개
달걀 2개
김가루 약간
참기름 2큰술
식용유 약간

요리하다

1 달군 팬에 식용유를 두르고 달걀 프라이를 만든다.

tip. 노른자는 익히지 않는 반숙으로 만들어요.

2 칼로 명란젓을 길게 반으로 가른 뒤 칼등으로 알만 쓸어낸다.

3 아보카도는 씨앗에 칼날이 닿도록 칼을 세로로 넣은 뒤 한 바퀴 빙 돌려 칼집을 넣는다. 양손으로 아보카도의 양쪽을 잡고 살짝 비틀어 반으로 가른다. 숟가락으로 씨를 파낸다.

1
2
3

꽃잎 모양 그릇 **와후재팬**, 둥근 그릇 **JAJU**
도마 **장스목공방**, 법랑 커피포트 **카이코**, 흰색 잔 **광주요**

4 칼끝으로 아보카도 과육을 적당한 굵기로 슬라이스한 뒤 껍질과 과육 사이에 숟가락을 넣어 과육을 떠낸다.

tip. 다른 방법도 있어요. 손으로 아보카도의 껍질을 조심히 떼어낸 뒤 엎어놓고 얇게 슬라이스하세요.

5 슬라이스한 아보카도는 끝부분부터 살짝 말아 동그랗게 만들어준다.

6 각각의 그릇에 밥 1공기씩 담고 가운데에 아보카도를 올린다. 그 위에 명란젓과 김가루를 올리고 달걀 프라이를 얹는다. 참기름을 뿌린다.

tip. 명란젓의 짠맛이 있지만, 맛을 보고 싱겁다면 간장 또는 명란젓을 조금 더 추가해요.

소고기미역국

엄마의 미역국은 참 맛있다.
그중에서도 내가 가장 좋아하는 건 소고기미역국이다.
가족 중 누군가의 생일 아침이면 질 좋은 소고기 한 근을 사다가 커다란 곰솥에 한참이나 푹푹 삶아 미역국을 끓여주셨다. 재료는 비슷해도 맛은 조금씩 달랐다.

어느 날은 더없이 기름지고 구수하게.
어느 날은 더없이 담백하고 깔끔하게.

다정한 맛에 위로를 받고 싶은 날, 엄마의 비법을 담아 소고기미역국을 끓인다. 친정엄마의 이 레시피는 더하지도, 덜하지도 않고 그대로 다시 나의 딸에게 물려줄 거다. 정성이 만들어낸 거짓 없는 국물맛은 말 그대로 '진국'이니까.

준비하다

(8인분)

소고기(양지머리) 300g
마른 미역 1줌(30g)
다시마 3장(사방 7cm)
마늘 6쪽
통후추 15알
물 3.5L
국간장 2큰술
다진 마늘 1큰술
소금 약간

요리하다

1 다시마는 살짝 젖은 행주나 키친타월로 겉면을 가볍게 닦은 뒤 가위로 칼집을 낸다. 냄비에 찬물을 붓고 손질한 다시마를 넣어 1시간 정도 우린다.

2 소고기는 덩어리째 준비해 찬물에 30분 정도 담가 핏물을 제거한다. 다시마를 우린 물에 소고기와 마늘, 통후추를 넣고 뚜껑을 닫은 뒤 센 불에서 끓인다.

tip. 평소 소고기 특유의 잡내에 민감한 편이라면 청주 1~2큰술을 넣어 끓여요. 청주를 넣는 경우에는 물이 끓기 전까지는 뚜껑을 연 상태로 끓여요.

3 물이 끓어오르면 다시마를 건져내고, 떠오른 거품을 제거한다. 중약불로 줄인 뒤 뚜껑을 덮고 1시간 이상 푹 끓인다.

4 소고기와 마늘, 통후추를 건져낸 뒤 소고기를 결대로 잘게 찢는다.

5

6

7

8

5 마른 미역은 찬물에 20~30분 정도 불린 뒤 4번 이상 물을 바꿔가며 바락바락 주물러 깨끗이 씻는다. 흐르는 물에 한 번 헹궈 물기를 꼭 짠다.

tip. 최대한 깨끗이 씻어야 미역 특유의 비린내와 잡내가 나지 않아요.

6 불린 미역을 먹기 좋은 크기로 썬 뒤 볼에 담고 국간장을 넣어 조물조물 버무려 밑간한다.

7 달군 팬에 밑간한 미역과 끓여놓은 육수 5큰술, 다진 마늘을 넣고 중불에서 볶는다. 미역이 꼬들꼬들하게 볶아지면 그대로 미역을 건져 육수가 들어 있는 냄비에 넣는다.

tip. 미역은 충분히 볶아야 맛이 좋지만 참기름과 들기름을 넣으면 국물에 스며들지 않고 국물 위에 동동 떠다니며 겉돌 수 있어요. 기름기가 도는 양지육수를 조금 추가해 볶는 것이 친정엄마의 비법이랍니다.

8 찢어둔 소고기를 넣고 뚜껑을 덮은 뒤 센 불에서 끓인다. 국물이 끓기 시작하면 중약불로 줄여 30분 이상 뭉근히 끓인다. 미역이 부드럽게 익고 맛이 잘 우러나면 소금으로 간을 한 뒤 불을 끈다.

그릇, 접시 **블랑마리끌로**
숟가락 **쉬즈리빙**

삼치데리야키구이

등푸른생선이지만 비린내가 적은 삼치.
풍부한 기름기 덕분에 속살은 촉촉하고 부드럽다.
오랜만에 삼치를 사와 반은 삼삼한 맛의 삼치구이로, 반은 달콤 짭조름한 맛의 삼치데리야키구이로 요리한다. 부드러운 속살 위에 손가락을 쪽쪽 빨게 만드는 데리야키소스까지 입혔더니 생선을 좋아하지 않는 아이도 제법 자주 찾는다.

식탁을 차려 아이를 앞에 앉힌다. 들었던 젓가락을 내려놓고 양손으로 생선 가시를 바른다.
문득 내 밥그릇 위를 거쳐 간 생선 살들이 떠올랐다.
당연하게만 생각했던 엄마의 조용한 손길. 성급히 씹어 넘겨 가시가 목에라도 걸리는 날이면 엄마는 날카로운 말들을 내뱉곤 했는데, 이제야 그 맘을 알게 되었다.

준비하다

(2인분)

삼치 1마리
전분가루 2큰술
식용유 약간

밑간
맛술 1큰술
굵은소금 약간
후춧가루 1꼬집

데리야키소스
다시마 1장(사방 5cm)
마늘 3쪽
통후추 10알
생강가루 약간
물 3/4컵(150ml)
간장 3큰술
맛술 3큰술
올리고당 1큰술
설탕 2큰술

요리하다

1 삼치는 흐르는 물에 깨끗이 씻는다. 맛술, 굵은소금, 후춧가루로 밑간한 뒤 10분간 재운다.

tip. 10분을 넘기면 삼치에서 수분이 빠져나와 퍽퍽해질 수 있어요. 반드시 10분 안쪽으로 재워요.

2 볼에 간장, 맛술, 올리고당, 설탕, 생강가루를 넣어 고루 섞는다. 마늘은 편으로 썬다.

3 재운 삼치는 키친타월에 올려 물기를 제거한 뒤 전분가루를 골고루 묻힌다. 손으로 살살 털어내 전분 옷이 얇게 입혀지도록 한다.

4 달군 팬에 식용유를 두르고 삼치를 올린다. 처음에는 센 불에서 굽다가 중약불로 줄여 천천히 굽는다.

1
2
3
4

5 바닥에 닿았던 부분이 노릇하게 익고 전체적으로 70% 정도 익었다고 생각될 때 삼치를 뒤집어 마저 노릇하게 굽는다. 앞뒤로 노릇노릇하게 구워지면 키친타월에 올려 기름기를 제거한다.

tip. 너무 자주 뒤집을 경우 살이 부서지고 육즙이 빠져나가요.

6 깊은 팬에 다시마, 편으로 썬 마늘, 통후추, 물, 만들어둔 양념장을 넣고 중불에서 걸쭉해지도록 끓여 데리야키소스를 만든다.

7 구운 삼치를 넣고 데리야키소스를 끼얹어가며 끓인다. 데리야키소스가 자작하게 졸아들고 삼치에 윤기가 흐르면 불을 끈다.

연어장 & 연어덮밥

몇 개월 전, SNS에서 연어장 만들기가 한창 뜨거웠다.
마침 남은 생연어가 있어 늦은 밤 큰 기대 없이 만들어 냉장고에 넣어두었다.
다음 날, 늦은 오후쯤 연어장을 꺼내 먹었다. 연어에는 짭조름한 간장물이 맛있게 스며들었고, 적당히 숙성되어 부드럽고 고소하며 탱글탱글했다. 즉석에서 연어덮밥을 만들었다. 그야말로 밥도둑이 따로 없었다. 남편과 내가 앉은 자리에서 밥을 두 공기씩 해치웠던 걸 보면.

엄마표 간장게장, 제철 생새우로 만든 새우장, 오랜 시간 숙성시킨 장아찌 같은 요리를 좋아한다. 장맛과 시간이 꼭 부둥켜안고 빚어낸 깊은 맛. 하루면 하루, 이틀이면 이틀, 일주일이면 일주일, 일 년이면 일 년 시간의 맛이 담겨 있는 것 같다. 더 감사한 마음으로 더 맛있게 먹는 이유다.

준비하다

(3~4인분)

연어장

생연어 400g

레몬 1개

양파 1개(껍질째)

마른 고추 2개

마른 표고버섯 불린 것 2개

대파 흰 부분 7~8cm

마늘 4쪽

생강 1톨

물 1½컵

간장 1컵

맛술 1/2컵

설탕 3큰술

연어덮밥

밥 1공기

어린잎채소 2/3줌(15g)

무순 약간(5g)

고추냉이 1/2큰술

버터 1/4조각

요리하다

1 레몬은 베이킹소다를 이용해 깨끗이 닦고, 양파는 껍질째 씻는다. 레몬은 반으로 잘라 반은 통째로 그냥 두고(달임장용), 반은 둥근 모양을 살려 얇게 슬라이스한다. 양파는 반으로 잘라 반은 통째로 그냥 두고(달임장용), 반은 껍질을 벗긴 뒤 채 썬다. 마늘은 칼등으로 눌러 반쯤 으깨고, 생강은 저민다.

2 냄비에 물, 간장, 맛술, 설탕을 넣고 고루 섞는다. 반으로 통째 놔둔 레몬과 양파, 마른 고추, 마른 표고버섯 불린 것, 대파, 마늘, 생강을 넣고 센 불에서 끓인다.

3 간장물이 거품을 내며 끓어오르면 3분 더 끓인 뒤 중약불로 줄여 재료가 뭉근히 익을 때까지 15~20분 정도 끓인다. 냄비째 그대로 식혔다가 면포나 체를 이용해 국물만 걸러내면 달임장이 완성된다.

4 생연어는 흐르는 물에 씻은 뒤 키친타월로 물기를 닦는다. 먹기 좋은 크기로 썬다.

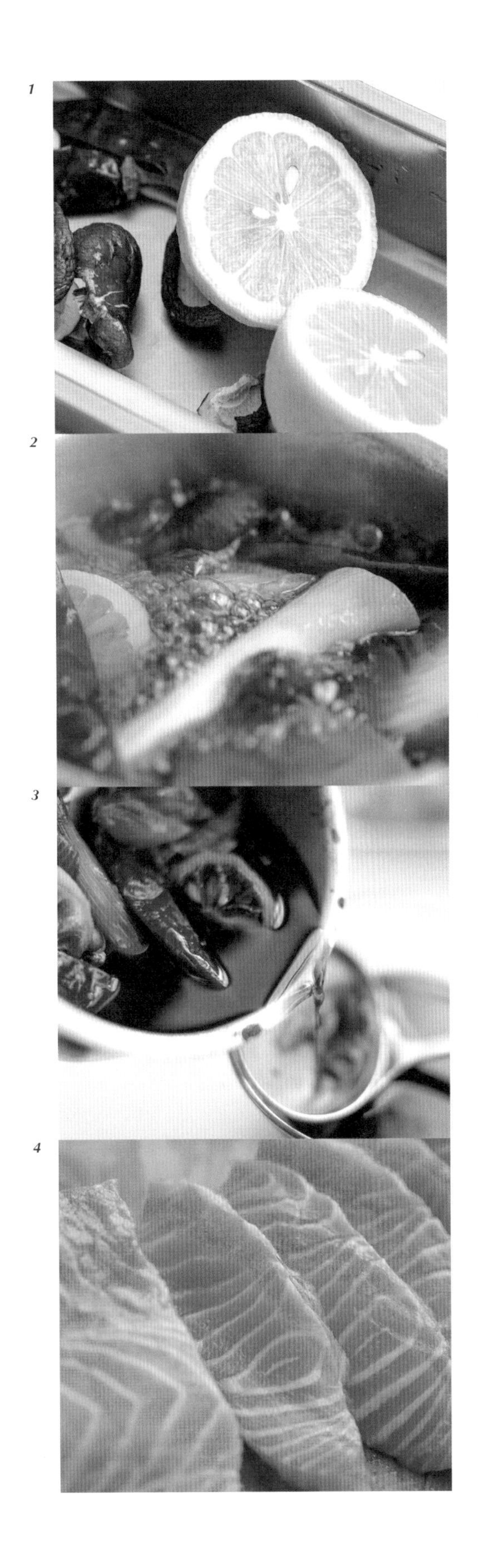
1
2
3
4

5

6

7

5 유리로 된 밀폐 용기에 생연어와 얇게 슬라이스한 레몬, 채 썬 양파를 차곡차곡 쌓는다. 완전히 식힌 달임장을 재료가 잠길 만큼 붓는다.

tip. 달임장은 완전히 식은 다음 생연어에 부어야 해요. 조금이라도 덜 식었을 경우 생연어가 익거나 상할 우려가 있답니다.

6 랩을 재료와 맞닿도록 느슨하게 씌우고 뚜껑을 덮은 뒤 냉장고에 넣어 6시간 이상 숙성시킨다.

7 그릇에 밥을 담는다. 어린잎채소와 무순은 흐르는 물에 씻어 물기를 뺀 다음 밥 위에 올린다. 그 위에 연어장을 얹고 고추냉이와 버터를 올린다.

연어장은 3일 이내에 먹어야 한다. 위생상 문제도 있지만 3일이 지나면 연어의 식감이 흐물거려진다. 만들어 바로 먹을 예정이라면 슬라이스한 연어를 넣어도 되지만, 이틀 뒤부터 먹을 거라면 연어를 통째로 넣는 걸 추천한다.

손잡이 비즈 유리컵 **와후재팬**
꽃잎 모양 그릇 **아리타**

낙지볶음

화끈한 양념을 빈틈없이 갖춰 입었다. 빨간 색감에 먹기 전부터 군침이 돌고, 매콤한 냄새에 콜록거리게 된다. 처음엔 탱글탱글한 식감을 느끼느라 양념의 매운맛을 잠시 잊었다가 다 씹어 넘길 때쯤 잊었던 매운맛이 휘몰아친다.
"쓰읍, 하. 쓰읍, 하."
발을 동동 구르며 야단스러운 모습으로 먹게 되는, 점심때 먹으면 저녁까지 속을 쓰리게 하는 낙지볶음이다.

오늘은 소면을 좀 삶았다.
빨간 양념을 한 방울도 남김없이 먹어치울 요량으로 밥도 넉넉히 준비했다. 매운 낙지볶음을 먹으며 오늘의 나를 어지럽혔던 일들을 거듭 안으로 삼켰다. 먹는 동안 감정의 소요는 잠잠해졌고, 물 한 잔 마실 때 즈음엔 머리 끄트머리에 자리하고 있었다. 이래서 스트레스는 매운맛으로 푸나 보다.

준비하다

(2인분)

낙지 2마리(400~500g)

양파 1개

대파 1대

낙지 볶을 때 나온 물 3큰술

식용유 2큰술

참기름 1큰술

통깨 약간

낙지 세척

밀가루 3큰술

굵은소금 3큰술

양념장

고춧가루 5큰술

생강가루 약간(생략 가능)

간장 2큰술

맛술 3큰술

올리고당 1/2큰술

다진 마늘 2큰술

설탕 1큰술

요리하다

1 분량의 재료를 골고루 섞어 양념장을 만든 뒤 숙성시킨다.

tip. 고춧가루는 일반 고춧가루와 청양 고춧가루를 반반 섞어서 사용했어요. 매운맛을 좋아하면 청양 고춧가루의 비율을 조금 더 늘려도 좋아요.

2 낙지는 머리와 다리 사이를 잇는 가느다란 막을 가위로 자른 뒤 머리 안에 있는 먹물 주머니와 내장을 조심스럽게 떼어낸다. 돌출된 2개의 눈은 가위로 잘라내고, 다리를 뒤집으면 보이는 입은 손으로 입 주변을 꾹 눌러 뺀다.

3 손질이 끝난 낙지는 볼에 담고 밀가루와 굵은소금을 넣은 뒤 손으로 100회 이상 바락바락 주무른다. 찬물에 5~6번 바락바락 주무르며 헹군 다음 체에 밭쳐 물기를 제거한다.

tip. 오래 주무를수록 낙지의 살이 탱글탱글해지고, 지저분한 이물질을 깨끗이 제거할 수 있어요.

1

2 ···▸

3 ···▸

4 ···▸

5

6

7

4 낙지 머리는 2cm 길이로 자르고, 다리는 5cm 길이로 썬다. 양파는 굵게 채 썰고, 대파는 반으로 가른 뒤 5cm 길이로 자른다.

5 마른 팬에 낙지를 넣고 낙지의 표면이 보라색으로 변할 때까지 중불에서 살짝 볶는다. 이때 낙지에서 나온 물은 버리지 않고 따로 남겨둔다.

6 다른 팬에 식용유를 두르고 양파와 대파를 넣어 중불에서 볶는다. 파향이 올라오면 양념장과 낙지에서 나온 물을 넣고 볶는다.

7 양파가 살캉거리는 정도로 익으면 낙지를 넣고 센 불에서 빠르게 볶는다. 살짝 탄내가 나기 시작할 때 불을 끄고 참기름과 통깨를 넣는다.

tip. 센 불에서 짧고 빠르게 볶아야 낙지에서 수분이 빠져나오지 않고 질겨지지 않아요.

그릇, 접시 **블랑마리끌로**

안동찜닭

남편의 생일상.
미역국, 스프링롤, 불고기, 단호박 오븐구이. 그리고 찜닭이 식탁 위에 올랐다. 조촐한 상이지만 손이 느린 나는 새벽부터 일어나 앞치마를 둘러매야 했다. 오늘의 주인공은 안동찜닭이다.

담이를 위해 마른 고추를 넣지 않은 찜닭을 작은 냄비에 따로 끓였다. 달달하게 간이 잘 밴 닭과 매콤한 국물, 통통한 납작 당면을 나누어 먹는다. 아이는 닭다리를 들고 다니며 뜯느라 바쁘고, 부부는 하나 남은 닭다리와 한 젓가락 남은 당면을 서로에게 양보하느라 바쁘다. 내 그릇보다 먼저 상대의 그릇에 내려놓기 바쁜 젓가락질에 서로를 향한 마음이 깃든다.

준비하다
(2~3인분)

닭 1마리(1.3kg)
감자 1개
고구마 1개
양파 1개
당근 1/3개
새송이버섯 2개
표고버섯 2개
대파 1/2대
마른 고추 5개
홍고추 1개
납작 당면 1줌(150g)
물 2컵

양념장
대파 1대
진간장 3/4컵(180ml)
맛술 1/2컵
굴소스 2큰술
다진 마늘 1큰술
백설탕 4큰술
흑설탕 2큰술
참기름 2큰술
생강가루 1작은술
후춧가루 약간

요리하다

1 닭은 하얀 지방을 가위로 잘라내고 흐르는 물에 깨끗이 씻은 뒤 체에 밭쳐 물기를 제거한다.

tip. 씻을 때 배 안쪽에 있는 내장을 손으로 살살 긁어 모두 제거해요. 내장이 남아 있으면 비린내와 잡내가 나기 쉬워요.

2 납작 당면은 미지근한 물에 넣어 30분 정도 불린다.

tip. 기호에 따라 얇은 당면을 사용해도 좋지만, 안동찜닭에는 납작 당면이 더 잘 어울려요.

3 감자와 양파는 사방 3cm 크기로 큼직하게 썰고, 고구마와 당근은 둥근 모양을 살려 도톰하게 자른다. 새송이버섯은 1cm 두께로 길게 자르고, 표고버섯은 편으로 썬다. 대파와 홍고추는 어슷하게 썬다.

1
2
3

4

5

6

7

8

4 대파는 송송 썬 뒤 나머지 분량의 재료와 고루 섞어 양념장을 만든다.

tip. 음식점에서 파는 안동찜닭은 진한 색감을 내기 위해 캐러멜색소를 넣어요. 하지만 건강에 좋지 않기 때문에 저는 흑설탕으로 대체했어요.

5 깊은 팬에 손질한 닭을 넣고 양념장과 물을 넣어 센 불에서 끓인다. 마른 고추를 손으로 큼직하게 잘라 넣는다.

6 국물이 끓어오르면 중불로 줄인 뒤 감자, 고구마, 양파, 당근을 넣고 끓인다.

7 감자와 당근이 익으면 새송이버섯과 표고버섯을 넣어 끓인다. 간을 보고 어느 정도 완성이 되었다 싶을 때 불려둔 납작 당면을 국물에 폭 잠기도록 밀어 넣는다.

tip. 간이 짜면 뜨거운 물을 조금 더 넣어요.

8 대파와 홍고추를 넣고 한소끔 끓인다.

빨간 기름이 동동 떠오른다. 얼큰하고 개운한 국물을 대접에 담는다.
순두부찌개를 담은 대접이 뜨겁게 달아올랐다. 각 없는 둥근 대접을 부드럽게 감싼 내 양손도 덩달아 따뜻해졌다.

속을 뜨끈하게 달래줄 국물 요리가 그리운 날. 몽글몽글한 순두부 한 봉지를 사다가 멸치다시마육수에 바지락을 넣고 순두부찌개를 끓였다. 다진 돼지고기를 팍팍 넣고 볶아서 끓인, 묵직하고 기름진 맛의 순두부찌개를 나도 남편도 좋아한다. 역시나 얼큰하고 개운하다.
무엇이 되었든 칼칼한 빨간 국물 안에 담긴 하얗고 말랑거리는 순두부는 호호 불어 꿀떡 넘길 때마다 몸이 이완되고 마음이 고요해진다. 이제 남은 일은 밥 한 그릇을 싹싹 비우는 일.

준비하다
(3~4인분)

순두부 1봉지(400g)
바지락 1봉지(200g)
애호박 1/3개
양파 1/2개
팽이버섯 1/2줌
청양고추 2개
홍고추 2개
대파 1/2대
멸치다시마육수 2컵
고추기름 1큰술
참기름 1큰술
굵은소금 2큰술
소금 약간

양념장
고춧가루 2½큰술
국간장 1큰술
맛술 1큰술
새우젓 1작은술
다진 마늘 1/2큰술
후춧가루 약간

요리하다

1 굵은소금을 넣어 바닷물 정도로 짜게 만든 물에 바지락을 넣어 30분 정도 해감한 뒤 바락바락 비벼 씻는다.

2 애호박은 반달 모양으로 자르고, 양파는 채 썬다. 청양고추와 홍고추는 어슷 썰고, 대파는 송송 썬다. 팽이버섯은 흐르는 물에 씻는다.

3 분량의 재료를 골고루 섞어 양념장을 만든다.

4 달군 뚝배기에 고추기름, 참기름, 양념장을 넣고 약한 불에서 골고루 섞으며 볶는다.

tip. 고추기름이 없으면 식용유를 사용해도 좋아요. 고춧가루가 들어간 양념장을 식용유로 볶으면 개운하고 칼칼한 고추기름이 만들어져요.

5 멸치다시마육수를 넣고 센 불에서 팔팔 끓인다. 육수가 끓어오르면 애호박과 양파를 넣고 4분 정도 끓이다가 바지락을 넣는다.

6 바지락이 입을 벌리면 순두부를 큼직하게 숟가락으로 떠서 넣고 한소끔 끓인다. 국물이 끓어오르면 손질한 채소를 모두 넣는다. 이때 간이 부족하다면 소금을 약간 넣는다.

tip. 취향에 따라 달걀을 하나 넣어도 좋아요. 단, 달걀을 넣으면 해산물의 깔끔하고 시원한 맛을 조금 방해할 수 있어요.

1

2

3

4

5

6

흰색 뚝배기, 검은색 뚝배기 그릇 **와후재팬**

전복죽

현관문 사이에 끼워져 있던 마트 전단을 넓게 펼쳐 1페이지부터 4페이지까지 즐겁게 읽어 내려간다.
"이것도 좀 사고, 저것도 좀 사야겠네. 전복 5마리 9,000원! 이건 무조건 사 와야겠다."

내장을 남김없이 잔뜩 다져 넣고 끓여 볼까. 잠시라도 눈을 떼면 정성스럽게 쑨 죽이 어디 도망이라도 갈까 봐 냄비 근처에서 처음부터 끝까지 어슬렁거리며 완성한 전복죽.

부드럽고 고소하고 향긋하고 맛있다.
무려 전복죽이다.
아껴 먹어야지.

준비하다
(2~3인분)

전복 5마리
멥쌀 1/2컵
찹쌀 1/2컵
멸치다시마육수 6컵
참기름 3큰술
소금 약간

+ 더해도 좋은
부추 약간
통깨 약간

요리하다

1 멥쌀과 찹쌀은 흐르는 물에 깨끗하게 씻어 1시간 정도 불린 뒤 체에 밭쳐 물기를 뺀다.

2 전복은 솔을 이용해 구석구석 깨끗이 닦는다. 껍데기가 얇은 쪽에 숟가락을 넣어 비틀듯 돌려가며 전복살과 껍데기를 분리한다. 끝쪽에 살짝 갈라진 부분을 안쪽으로 슬쩍 밀듯이 눌러주면 붉은 이빨 두 개가 나온다. 이빨을 제거한다.

tip. 이빨을 빼내기 힘든 경우에는 가위로 잘라도 좋아요.

3 전복의 살과 내장을 분리한 뒤 전복 1개는 통으로 그냥 두고(고명용), 1개는 얇게 슬라이스한다(고명용). 나머지 3개는 굵게 다진다. 내장은 잘게 다진다.

1

2

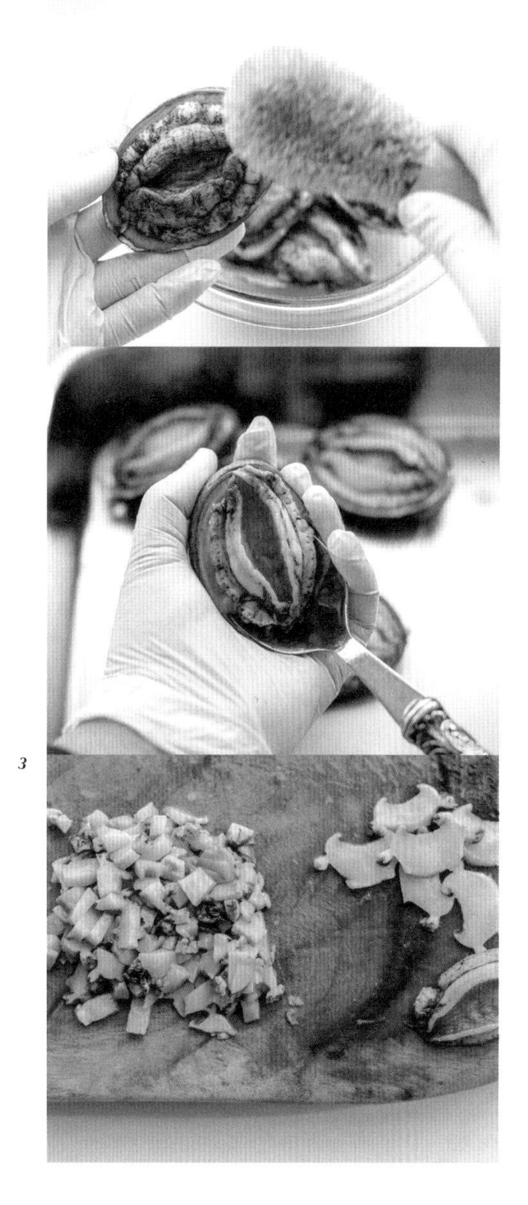

3

Everyday table

4 달군 냄비에 참기름 2큰술을 두르고 얇게 슬라이스한 전복을 넣어 볶는다. 전복이 꼬들꼬들하게 익으면 덜어둔다.
5 같은 냄비에 참기름 1큰술을 두르고 다진 전복을 넣어 볶는다.
6 전복이 꼬들꼬들하게 익으면 불려둔 멥쌀과 찹쌀을 넣고 볶는다. 다진 내장을 넣고 쌀알이 살짝 투명해질 때까지 충분히 볶는다.
7 멸치다시마육수를 넣고 센 불에서 끓인다. 죽이 끓기 시작하면 불을 약하게 줄이고 눌어붙지 않도록 저어가며 20~30분 정도 푹 끓인다. 쌀이 먹기 좋을 만큼 퍼지면 소금으로 간을 한다.

tip. 멸치다시마육수가 없다면 물을 대신 넣어도 좋아요. 끓이다가 물이 부족할 경우에는 온도가 급격히 변하지 않도록 뜨거운 물을 넣어요.

tip. 소금은 약간만 넣어 간을 심심하게 맞춰요. 간을 보기 위해 숟가락을 넣었다 뺐다 하면 죽이 쉽게 삭아요. 죽그릇에 덜고 난 뒤 먹기 직전 각자의 취향에 맞게 소금으로 간을 맞추는 것이 좋습니다.

꽃잎 모양 그릇 **진묵도예**

Romantic brunch on holiday

휴일에는 낭만 브런치

Croque monsieur
크로크무슈

따뜻한 샌드위치, 크로크무슈.
프랑스 광산, 굳어버린 샌드위치를 난로에 익혀 먹는 광부들의 요리에서 유래되었다. 크로크무슈 위에 한쪽 면만 익힌 달걀 프라이(써니 사이드 업)를 올리면 마치 숙녀가 모자를 쓴 것 같다 하여 '크로크마담'이라고 한다.
오리지널 레시피에서는 풍미가 좋은 그뤼에르치즈 혹은 에멘탈치즈를 넣어 만들지만 마트에서 쉽게 구할 수 있는 체더치즈와 모차렐라치즈를 사용해도 충분히 맛있다.

오븐에 넣어 치즈가 흘러내리면 아끼는 그릇에 담아낸다.
한입 베어 문다. 고소함이 부드럽게 입안을 꽉 채운다. 치즈는 한없이 녹아내리고, 베샤멜소스는 한껏 부풀어 풍선 같다. 샌드위치 한입에 둥둥 떠다닐 것만 같은 날이다.

준비하다

(2인분)

식빵 4장
슬라이스 햄 4장
슬라이스 체더치즈 2장
모차렐라치즈 1½컵
달걀 1개
파슬리가루 약간
식용유 약간

베샤멜소스
우유 2컵
버터 3조각
밀가루 3큰술
소금 약간
후춧가루 약간

요리하다

1 먼저 베샤멜소스를 만든다. 소스 팬에 버터를 넣고 약한 불에서 녹인 뒤 밀가루를 넣고 50초 정도 재빨리 섞으며 볶는다.

tip. 갈색이 되지 않도록 약한 불에서 볶아요.

2 버터와 밀가루가 잘 섞이면 우유를 3~4번에 걸쳐 나누어 넣으며 멍울이 생기지 않도록 계속 저어준다. 소금과 후춧가루를 넣고 소스가 걸쭉하고 부드러워질 때까지 천천히 저어주며 졸인다.

tip. 간은 약간 부족한 듯해야 합니다. 체더치즈, 모차렐라치즈와 슬라이스 햄의 짠맛이 싱거운 맛을 채워줄 거예요.

3 식빵 한 장에 베샤멜소스를 바른 뒤 슬라이스 햄 2장 → 슬라이스 체더치즈 1장 → 약간의 모차렐라치즈 순으로 올린다.

4 식빵 한 장을 덮어 살짝 눌러준 뒤 그 위에 베샤멜소스를 바른다. 모차렐라치즈를 듬뿍 올리고 파슬리가루를 뿌린다. 같은 방법으로 하나 더 만든다.

5 190도로 예열한 오븐에 넣어 모차렐라치즈가 노릇노릇 익을 때까지 8~12분 정도 굽는다. 팬에 식용유를 두르고 한쪽 면만 익힌 달걀 프라이를 만든 뒤 완성된 크로크무슈 위에 올린다.

1
2 ···▸
3
4
5

검은색 도마 접시 **진묵도예**, 커트러리 **와후재팬**
커피잔 **프라우나**, 꽃잎 모양 접시 **와후재팬**

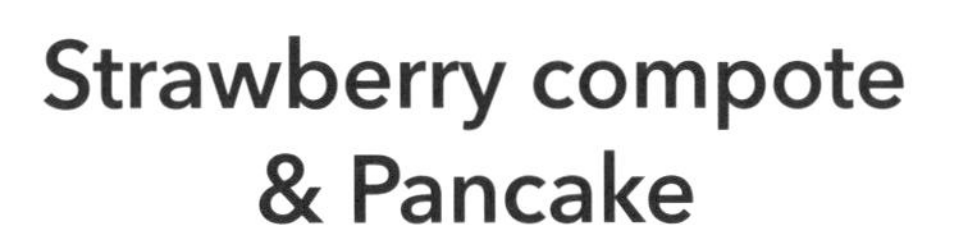

Strawberry compote & Pancake

딸기콩포트 & 팬케이크

앞니 끝으로 딸기 씨를 반으로 가른다. 입안에서 이리저리 튀어 다니는 팝핑 캔디처럼 '톡' 하고 터지는 순간을 기다린다.
딸기콩포트는 딸기잼보다 만들기 쉽지만 맛은 더 좋다.
조금 덜 자극적이고 조금 더 상큼한 느낌. 멀쩡한, 그것도 막 구입해 싱싱하기까지 한 딸기에 굳이 설탕과 물을 붓고 오랜 시간 조심조심 저어가며 끓여낼 때는 반드시 이유가 있다.

과육이 씹히는 딸기콩포트는 폭신한 팬케이크의 단짝이 된다. 달달하고 부드러우며 은근 든든한 느낌이 좋다.
따끈따끈, 폭신폭신.
겉모습과 맛은 배신하지 않는다. 언제나 달콤하고 부드럽다.

푸른 꽃무늬 접시 **까르투하**, 회색 접시 **꼬떼따블**
골드림 유리컵 **개미창고**, 골드 머들러 **와후재팬**, 커트러리 **빈티지**

준비하다

(2~3인분)

딸기콩포트

딸기 1팩(500g)

물 1/3컵(70ml)

설탕 1/2컵

레몬즙 2큰술

팬케이크

달걀 1개

핫케이크가루 2컵(360ml)

우유 2/3컵(140~150ml)

요리하다

1 딸기는 깨끗하게 씻어 꼭지를 떼어낸 뒤 1/2등분 또는 1/4등분 한다. 밑이 두꺼운 냄비에 손질한 딸기와 물, 설탕을 넣고 중불에서 끓인다.

2 설탕이 고루 섞이도록 나무 주걱으로 저어가며 12~18분 정도 끓인다. 이때 딸기의 모양이 상하거나 으깨지지 않도록 천천히 저어준다. 떠오르는 거품은 걷어낸다.

tip. 저는 사르르 녹는 과육의 식감을 좋아해 그대로 끓였지만, 딸기의 형태가 고스란히 남아 있는 콩포트를 만들고 싶다면 딸기가 보글보글 끓기 시작할 때 불을 끄고 체로 딸기를 걸러 따로 담아두세요. 거른 딸기 끓인 시럽을 다시 냄비에 담고 적당한 농도가 될 때까지 졸인 뒤 레몬즙을 약간 넣고 건져두었던 딸기를 넣으면 딸기 모양이 예쁘게 살아 있답니다.

3 먹기 좋은 농도가 되었을 때 레몬즙을 넣고 고루 섞은 뒤 불을 끈다. 완성된 딸기콩포트를 그릇에 담아 식힌다.

tip. 레몬즙은 기호에 따라 생략해도 좋아요. 식힌 딸기콩포트를 잔에 담고 우유를 부어주면 달콤한 딸기우유가 된답니다.

1
2
3

4 커다란 볼에 달걀을 깨 넣고 거품기를 이용해 거품을 낸다. 거품이 충분히 생기면 우유를 넣고 고루 섞는다.

5 핫케이크가루를 체에 밭쳐 곱게 내린 뒤 볼에 넣고 덩어리가 지지 않도록 고루 저어준다.

tip. 반죽을 너무 오래 저으면 질겨질 수 있어요. 반죽의 묽기는 국자로 떠서 팬에 올렸을 때 스스로 둥근 모양을 잡으며 부드럽게 퍼지는 정도가 적당해요. 너무 묽지도, 너무 되지도 않게 만들어주세요.

6 약한 불에서 예열한 팬에 오일을 두르지 않고 적당한 크기로 반죽을 떠 올린다. 중약불에서 2분 정도 굽다가 반죽에 전체적으로 기포가 생기면 바로 뒤집는다. 1분 정도 익힌다.

흰색 그릇 **진묵도예**, 검은색 소스 그릇 **리빙한국**
나무 접시 **디애플하우스**

Guacamole

과카몰리

내가 아보카도를 좋아하는 사람이 될 줄이야.
처음 접한 낯선 과일은 무(無) 맛이었다. 그러다 우연히 더도 말고 덜도 말고 딱 맛있게 익은 아보카도의 고소함을 제대로 맛본 나는 그날 이후 초록빛 망 안에 옹기종기 담겨 있는 녀석들을 보면 나도 모르게 장바구니에 담는다.

'아보카도 소스'라는 뜻의 멕시코 요리, 과카몰리는 부드러움 속에 치명적인 매력을 품고 있다. 첫입에는 아보카도의 고소함과 부드러움이 사뿐히 내려앉는다. 목으로 넘길 때쯤 레몬, 양파, 토마토의 상큼함이 입안을 가득 채운다. 마지막으로 훅 올라오는 할라페뇨의 매콤함은 과카몰리의 맛을 더욱 매력적으로 이끈다.
과카몰리는 주로 나초나 바삭하게 구운 빵, 감자튀김을 찍어 먹는 딥소스로 활용하지만, 식빵 위 스프레드로 활용하면 든든한 한 끼가 된다. 다만 아쉬운 점은 보관 기간이 길지 않다는 것. 반드시 1~2일 이내에 소비해야 한다.

준비하다

(2인분)

아보카도 2개
양파 1/2개
방울토마토 8~10개
(일반 토마토 1개 분량)
할라페뇨 1½개
레몬즙 1큰술
올리브오일 1큰술
소금 약간
후춧가루 약간

요리하다

1 아보카도는 반으로 갈라 씨를 뺀 뒤 껍질을 벗긴다. 적당한 크기로 듬성듬성 자른다.

tip. 아보카도는 껍질이 짙은 색이고, 손으로 눌렀을 때 말랑말랑하면 잘 익은 거예요. 아직 껍질이 밝은 초록빛이라면 상온에 2~3일 정도 놓아 후숙시켜요.

2 양파는 잘게 다져 찬물에 10분 정도 담가 아린 맛을 제거한 뒤 체에 밭쳐 물기를 제거한다. 방울토마토는 잘게 다지고, 통조림에서 건져낸 할라페뇨는 손으로 물기를 살짝 짠 뒤 잘게 다진다.

3 볼에 아보카도와 레몬즙을 넣고 고루 섞으며 부드러워질 때까지 으깬다.

4 양파, 방울토마토, 할라페뇨, 올리브오일, 후춧가루를 넣고 골고루 섞는다. 마지막으로 소금을 넣어 간을 맞춘다.

1
2 ···▸
3 ···▸
4

Tofu cutlet
두부커틀릿

일주일에 한 번, 아파트 장이 서는 날. 어떤 이의 손에 들려 있는 묵직한 검은색 비닐봉지만 봐도 '아. 오늘 두부 아저씨 나오셨구나' 하며 반가워한다.
하얗고 단단한 두부 한 모.
으깨도 보고, 튀겨도 보고, 얼려도 보고, 끓여도 본다.

가끔은 고운 빛깔의 노란 옷을 입은 두부커틀릿을 만든다.
겉옷은 바삭바삭. 속살은 보들보들.
무딘 칼끝에 으깨질까, 잘 드는 칼을 가져와 썬다. 하얀색 위에 분홍색, 다시 그 위에 하얀색. 단면까지도 참 예쁜 요리다. 바삭바삭함 속에는 부드러움이, 담백함 사이에는 짭조름함이 숨었다. 소스를 콕콕 찍어 먹으면 제법 화려한 맛도 난다.

준비하다
(3~4인분)

두부 1모
통조림 햄 1캔(작은 사이즈)
슬라이스 체더치즈 1장
달걀 1개
빵가루 1컵
밀가루 4큰술
파슬리가루 약간
식용유 적당히
소금 약간
후춧가루 약간

소스
마늘 1쪽
돈가스소스 3큰술
물 3큰술
간장 1큰술
레몬즙 1작은술
올리고당 1큰술
후춧가루 약간

요리하다

1 두부는 1cm 두께로 길게 썬 다음 키친타월에 올려 물기를 제거한다. 소금과 후춧가루를 뿌려 밑간한다.

tip. 두부는 부드러운 것보다 단단한 것을 사용해요.

2 통조림 햄은 두부와 비슷한 크기가 되도록 0.5cm 두께로 길게 썬다. 슬라이스 체더치즈는 반으로 자른다. 달걀은 볼에 깨 넣어 곱게 풀고, 빵가루에는 파슬리가루를 솔솔 뿌려 섞는다.

3 두부 위에 통조림 햄을 올리고 그 위에 두부를 올린 뒤 반으로 자른다. 이번에는 두부 위에 슬라이스 체더치즈를 올리고 그 위에 두부를 올린 뒤 반으로 자른다.

1
2
3

Recipe

4 반으로 자른 두부는 밀가루 → 달걀물 → 빵가루 순으로 위, 아래, 옆면 모두 골고루 묻혀 튀김옷을 입힌다.

tip. 밀가루는 골고루 묻힌 뒤 한 번 털어내고, 달걀물을 듬뿍 입힌 다음 빵가루도 듬뿍 입혀요.

5 달군 팬에 식용유를 넉넉히 붓는다. 식용유 온도가 170도 정도로 오르면 튀김옷을 입힌 두부를 넣어 중약불에서 튀긴다. 위, 아래, 옆면을 노릇노릇하게 튀겨낸 다음 키친타월에 올려 기름기를 제거한다.

6 마늘은 얇게 저민 뒤 나머지 소스 재료와 함께 냄비에 넣는다. 약한 불에서 골고루 섞으며 소스가 걸쭉해질 때까지 졸인다.

흰색 큰 그릇 **광주요**, 흰색 접시 **로얄애덜리**, 커트러리 **솔라스위스**

Gambas al ajillo

감바스 알 아히요

"기름에 끓인 새우가 뭐가 맛있다고."
일말의 기대감 따위 없는 표정을 하고 영 내키지 않는 숟가락을 뜨던 남편의 표정이 바뀌는 순간을 나는 보았다.

탱글탱글 입안에서 튀어 다니는 새우의 식감이 환상적인 요리. 더 매력적인 건 올리브오일이 머금고 있는 맛과 향이다. 올리브오일의 풍미에 마늘의 향긋함, 페페론치노의 매콤함, 새우의 달큼한 감칠맛, 허브의 그윽함까지 차곡차곡 쌓인다. 바삭하게 구운 빵 위에 새우를 올리거나, 빵 끝을 올리브오일에 듬뿍 적셔가며 먹다 보면 시간 가는 줄 모른다.
가볍게 시작한 브런치는 끝날 줄을 모른다.
늘 바게트 하나를 다 해치우고 올리브오일이 바닥을 드러내고 나서야 끝이 난다.

준비하다

(2인분)

칵테일새우 15마리
바게트 8조각
페페론치노 8개
마늘 10쪽
허브가루 약간
이태리 파슬리 약간
올리브오일 3/4컵(150ml)
소금 약간
후춧가루 약간

요리하다

1 냉동 칵테일새우는 찬물에 담가 완전히 해동한 뒤 키친타월에 올려 물기를 제거한다. 올리브오일은 살짝, 허브가루와 후춧가루는 약간만 뿌려 버무려둔다.

2 바게트는 먹기 좋은 두께로 썰고 이태리 파슬리는 다진다. 바게트에 올리브오일을 앞뒤로 펴 바르고 그 위에 다진 이태리 파슬리를 약간 뿌린 뒤 170도로 예열한 오븐에 넣어 6~7분 정도 굽는다.

3 마늘은 저민다. 무쇠 팬에 올리브오일을 분량만큼 모두 넣고 불을 켜기 전에 저민 마늘을 넣는다. 약한 불에서 끓이다가 기포가 올라오며 끓기 시작하면 페페론치노를 찢어 씨까지 넣는다.

4 마늘과 페페론치노의 향이 올라오면 버무려둔 칵테일새우를 넣는다. 중불로 높여 2분 정도 끓인다.

5 새우가 붉게 변하면 불을 끈다. 소금을 넣은 뒤 올리브오일의 맛을 보고 심심하면 간을 더한다. 취향에 따라 다진 이태리 파슬리나 허브가루를 더 첨가한다.

1

2 ···▸

3

4

5

무쇠 스킬렛 **프레마몽**
나무 접시 **디애플하우스**, 유리컵 **개미창고**

감바스 알 아히요는 무쇠 팬에서 요리하고 그대로 가져가 먹는 것을 추천한다. 그래야 온기가 오래 지속될 수 있다. 오일을 베이스로 한 요리이기 때문에 온기가 식으면 느끼한 맛이 강해진다.

Interior

decoration
3

취향을 담다, 셀프 인테리어

Interior lesson 1

그래서
그대를 닮아가는 집

집에서조차 편안할 수 없다면,
대체 나는 어디에서 편안할 수 있을까.
집이 불편했다. 그 집 한가운데 외딴 섬처럼 고립된 나는
불쌍한 사람이었을지도 모른다. 내가 좋아하는 것들, 이야기가 담긴 것들,
갖고 싶은 것들을 모으며 생각했다. 누구나 부러워하는 공간을 갖고 싶은 걸까,
진짜 나라는 사람이 살기 좋은 공간을 갖고 싶은 걸까.

좋아하는 것이야말로 최고의 인테리어가 된다

커피를 좋아한다. 차를 좋아한다. 아이가 좋아하는 스무디와 에이드도 종종 함께 만들어 마신다. 맛있는 음료는 예쁜 컵에 담아야 맛이 더 좋다는 걸 알게 되었다. 커피, 차, 음료의 온도와 종류에 따라 맛있게 담으려면 컵과 티포트가 달라져야 한다는 사실을 알게 되었다. 이런 이유로 컵과 티포트는 조금씩 늘었고 나는 예쁜 컵에 마시는 커피, 차, 음료를 더 좋아하게 되었다. 멋진 선순환이다.

좋아하는 것의 행복은 거기에서 그치지 않는다. 컵, 티포트 몇 개를 모아 커피머신이 있던 까만 벽에 걸었다. 푹신한 일인용 소파, 작고 하얀 커피 테이블과 의자를 근처에 두었다. 커피를 마시고, 차를 마실 때마다 찻잔 끝에 걸리는 까만 벽이 좋았다. 찻잔 너머 내가 좋아하는 것들이 모여 있으니, 그게 바로 나에겐 '소확행(소소하지만 확실한 행복)'이다.

독서를 좋아한다면 책 인테리어를 고민해볼 수 있다. 집 안 어디에서든 책 냄새가 난다면 얼마나 좋을까. 익숙한 머그잔에 커피를 가득 내려 왼손에 쥐고, 오른손 엄지손가락으로 책장을 부드럽게 밀어올릴 수 있는 안온한 공간이 바로 그대의 집이라면. 사진 찍는 걸 좋아한다면 찍은 사진 중 특히 좋아하는 순간들을 골라 집 안에 갤러리를 연다. 평소 아끼는 카메라와 렌즈도 어떻게 놓아두느냐에 따라 오브제가 될 수 있다. 음악을 좋아한다면 음향기기가, 악기를 다룰 수 있다면 악기가, 패션을 좋아한다면 남다른 패션 취향이 그대를 이야기하는 근사한 오브제가 된다.

다만 좋아하는 공간을 가꿀 때 경계해야 할 점은 그것이 과시에 그치거나 고루하거나 허울뿐인 공간으로 전락하지 않도록 끊임없이 관심을 가져야 한다는 것이다. 좋아하고 아끼는 물건들을 수백만 원짜리 진열대에 올려두는 것이 능사가 아니다. 그렇다고 버리지 못하는 무늬목 시트지 책장에 채워두는 것도 예의가 아니다. 좋아하는 것과 좋아하는 공간에 예의를 갖추자.

자연스럽고 거친 분위기를 좋아한다면 러프한 표면의 고재 선반에 애정하는 물건들을 빈틈없이 얹어도 좋고, 간결한 일상을 꿈꾼다면 창가에 낡고 편안한 의자 하나만 놓아도 좋다. 그것만으로도 그곳은 그대에겐 충분한 공간이 될 수 있다.

막연히 남들과 다른 아늑한 아지트를 꿈꾸지만 무엇부터 시작해야 할지 감이 잡히지 않을 땐 내가 좋아하는 것이 무엇인지 고민해본다. 그것은 눈에 보이는 물건일 수도, 좋아하는 어떤 순간일 수도 있다.

나에게 부족하거나
없는 모습의 아쉬움을 집으로 채운다

세 식구가 사는 우리 집은 늘 시끌시끌하다.
나는 좀 어수선한 편이고 남편은 얼렁뚱땅 씨이며, 담이는 슬랩스틱까지 장착한 수다쟁이다. 우리 가족의 일상은 바람 한 점 없는 느긋한 날보다 폭풍우가 휩쓸고 지나가는 듯한 날이 더 많다. 그래서 느슨한 공간이 필요했다.
그렇게 나는 우리에게 부족한 면을 채울 수 있는 공간을 두었다. 나는 아직도 어수선한 사람이지만, 느슨해서 졸리기까지 한 거실이나 주방에 있을 때면 나도 꽤 차분한 사람일지도 모른다는 즐거운 상상을 한다. 단연코 평생 그럴 일은 없을 테지만 내게 모자란 느긋함, 차분함, 우아함 같은 것을 공간이 대신 채워주고 있다.

나에게 부족하거나 없는 부분이 있다면 그 아쉬움을 집으로 채우자. 공허함을 채울 비싼 물건을 들이라는 이야기가 아니다. 차분함이 필요하다면 차분함을, 열정이 필요하다면 열정을, 쉼이 필요하다면 쉼을, 따스함이 필요하다면 따스함을, 흐트러짐이 필요하다면 편안하게 헝클어진 공간을 만들면 된다. 작은방 하나, 그것도 아니면 방 한쪽 구석에라도 섹션을 나누어 존재케 하자. 그러면 공간이 당신을 그런 사람으로 만들어 줄 것이다. 비록 그것이 순간이어도, 그런 순간들은 반갑다.

그래서
그대를 닮아가는 집

오래되어 낡고 바랜 창을 햇살이 타넘고 느릿느릿 들어오던 날. 주방 창문에 커튼을 달아야 했다. 커튼으로 만들 천을 주문했다. 재단하고 압축 봉을 달아 창을 가릴 생각이었다. 커튼 원단이 도착하자마자 세탁을 하고 베란다에 널었다. 그날 밤엔 유난히 창밖의 야경이 별처럼 반짝였다. 다음 날 주방 창문을 통해 들어온 느려터진 햇살 몇 가닥을 발견했다. 원단은 베란다에서 바싹하게 잘 말랐지만, 커튼이 되지 못했다. 나는 커튼이 없어서 놓치지 않을 수 있었던 순간들을, 앞으로도 계속 놓치고 싶지 않았다. 이렇듯 집은 때때로 잘 세운 계획을 보란 듯이 벗어나 그 안에 사는 이를 닮는다.
어느새 나는 집을 닮고, 집은 나를 닮는다. 삶은 공간에 침투하고, 공간은 삶에 침투한다. 그래서 그대를 닮아가는 집을 가꾸는 것은 그대를 가꾸는 일과 같다.

Interior lesson 2

편안한 집을 위해
꼭 필요한 물건들,
절대 필요하지 않은 물건들

어디에서 많이 보았다는 익숙함에 취해
그것을 '취향'이라고 착각했다.
내 취향이라며 최신 유행하는 가구와 소품을 아낌없이
가져다 놓았지만 좀처럼 불안감은 해소되지 않았다.
트렌드는 감히 내가 좇지 못할 만큼 빨라서
나에게 도착할 즈음이면 이미 한물간 스타일이 되어 있었다.
유행이 바뀔 때마다 새로 구입할 수 있을 만큼
두툼한 지갑을 가지지 못한 나는 더 좋고, 더 새롭고, 더 혁신적이며,
더 인기 있는 무언가가 나오지 않을까 늘 불안했다.
남들이 다 갖고 있는 걸 갖추지 못할 땐
나에게 필요 없는 물건이라 할지라도 초조하고
조바심이 났다. 시기심은 부풀어 올랐다.
그러나 막상 내 손에 들어오면 그저 형체를 지닌 물건에
불과할 뿐. 금세 다른 대상으로 그 관심이 옮겨갔다.
이야깃거리 하나 없는 물건들로 잘 채워진 쇼룸 같은
우리 집엔 사람 냄새가 그리웠다. 나를 불안에 떨게 하는
트렌드라 이름 붙은 것들을 경계하기로 했다.

편안한 집을 위해 꼭 필요한 것은 무엇일까.
절대 필요하지 않은 것은 무엇일까.
안목에 확신이 서지 않아
아직은 남들의 취향을 답습하더라도
그 존재 자체로 집에 편안함을 주는 물건은 무엇일까.

핀터레스트(Pinterest : Pin + Interest)

때는 2015년. 당시 인테리어 이미지를 찾을 때는 구글링의 도움을 받았는데, 어떤 검색어 하나가 나를 핀터레스트로 인도했다. 그곳은 내가 꿈꿨던 별천지였다. 공간, 음식, 디자인과 관련된 사진들이 구구절절한 설명을 대신했다. 마음에 드는 사진들을 재빨리 '핀pin'했다. 몇몇 사진은 인화해서 잘 보이는 곳에 붙여두었다. 막연히 머릿속으로 상상하던 공간을 마주하는 기분을 매일같이 느꼈다.

어떻게 집을 꾸며야 할지 고민된다면 우선 핀터레스트를 활용해보자. 마음에 드는 사진을 핀한 뒤 폴더를 만들어 내 마음대로 사진을 분류한다. 폴더가 세분화되고, 그 안에 핀한 사진이 늘어갈수록 내가 어떤 분위기를, 어떤 스타일을 좋아하는지 알 수 있다.

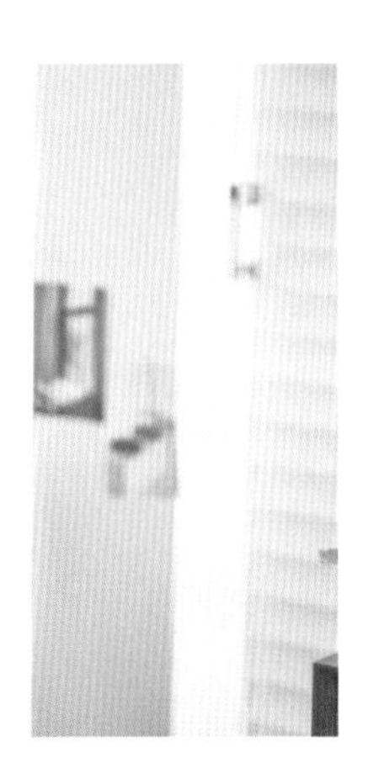

그밖의 추천 사이트

www.houzz.com
www.dwell.com
https://www.yatzer.com
https://www.facebook.com/floorplanner : Planner 5D 사이트에서는 우리 집과 비슷한 가상공간을 만들어 설계도를 제작하고 인테리어를 해볼 수 있다.

조명

우리 집은 어둠이 내리면 높은 곳에 달려 있는 실링라이트 대신 이 방 저 방에 미리 자리 잡은 조명들을 켠다. 온 집안을 주황빛으로 물들이는 거실 조명은 소박한 빛의 질감이 편안함을 더한다. 테이블 위 조명을 켜면 어느 곳에도 시선을 빼앗기지 않고 테이블에 펼쳐둔 일에만 몰두할 수 있다.

조명은 공간 전체를 균일하게 밝히는 메인 조명과 좁은 범위를 밝히는 보조 조명으로 나눌 수 있다. 조명의 길이와 높이에 따라, 빛이 퍼지는 방향과 방식에 따라, 갓의 소재에 따라 빛의 질감이 다르다. 은은한 조도는 60~150룩스(lux) 정도, 책을 읽는 목적으로 켜는 테이블 조명의 조도는 600~1000룩스(lux)가 적당하다.

오랜 기간 사랑받아온 조명 브랜드

폴 헤닝센의 PH 시리즈
아르네 야콥슨의 AJ 시리즈
비타 코펜하겐의 EOS
구비 Grashoppa, semi SM2, Multi-Lite Pendant
플로스 IC 시리즈
베르판 VP Globe
톰 딕슨 비트 시리즈
아르떼미데 Nessino Table lamp
아르텍 골든벨

조명 **라디룸**

의자

제대로 앉아 쉴 곳이 없다면 침대나 바닥에 벌렁 드러누워 버리게 될지도 모른다. 편안한 의자는 그래서 필요하다.
여러 종류의 의자를 갖게 된 건 세상에는 예쁜 의자가 너무 많기도 하고, 각각의 의자가 내게 주는 느낌이 다르기 때문이기도 하다. 낡고 조금 불편해도 정서적인 안정이 필요할 때 찾는 의자가 있다. 침대가 아닌 곳에서 아무것도 하지 않고 푹 파묻혀 지내고 싶은 의자가 있다. 고취된 마음으로 일에 집중하게 만드는 의자가 있는가 하면 편안히 앉아 밥을 먹고, 시시껄렁한 농담을 늘어놓게 되는 가벼운 의자도 있다. 의자는 우리 집 곳곳에서 의자가 필요한 순간에 자연스럽게 함께한다. 엉덩이를 튼 사이라 그런가, 왠지 다른 가구보다 더 친밀한 것도 같다.

나무를 수증기로 익혀 구부려 만들었다. 가볍고 내구성이 좋지만 오래 앉아 있으면 불편하다.

토넷 No. 18 곡목의자 **토넷**

패브릭과 우드의 조화가 퍽 따스하다. 잠깐 앉기도 좋고 소파에 앉을 땐 발받침으로 사용하기도 좋다.

에스닉 스툴 **우디크**

자연의 아름다움이 그대로 느껴지는 스툴이다. 걸터앉기에는 다소 불편해 주로 소품을 올려두는 용도로 사용하지만, 앉을 의자가 부족할 땐 요긴하게 쓰인다.

통나무 스툴 **마켓비**

우리 집에서 가장 사랑받는 의자. 쓰임을 많이 받는 의자이기에 가장 많이 낡았다. 기대어 멍 때리기 좋고, 책 읽기 좋고, 스툴에 발을 얹어 가벼운 낮잠을 즐기기에도 좋다.

윙체어 **이케아**

꽃과 식물

계절을 집으로 들이는 데 꽃과 식물만큼 근사하고 확실한 방법이 있을까. 계절과 꽃 종류에 따라 다르지만, 대개 한 단에 6~7천 원이면 1~2주를 꽃이 있는 집에서 보낼 수 있다.
나는 공기정화 능력이 탁월하고 여름엔 청량한 분위기까지 더해주는 아레카야자를 키우고 있다. 갈라지는 줄기 사이로 새잎이 올라올 때마다 우리 부부가 환호성을 지르는 몬스테라도 거실 한 켠을 지키고 있다. 둥근 잎이 사랑스러운 유칼립투스도, 고고한 자태로 서 있는 붉은 튤립도, 한 단에 천 원짜리인 프리지어도, 플로리스트가 우아하게 엮은 꽃 한 다발도 숨바꼭질하듯 베란다와 집안 곳곳에서 향기를 내뿜는다. 조금이라도 관심이 소홀해지면 지체 없이 서운함을 드러내기에 손이 많이 가지만, 집에 꽃이 있다는 것만으로도 계절을 다 가진 것 같다.

내가 직접 만든 소품

반제품이나 목재를 이용해 만드는 건 그나마 봐줄 만한데 일상적인 물건으로 리사이클링, 업사이클링을 하면 그 결과물은 정말 못 봐줄 정도다. 시간과 품은 들일 대로 들이고, 결국엔 버려지기 일쑤였다. 그래서 과자 상자로 수납용품을 만들거나, 철망으로 만드는 테이블 같은 건 관심도 두지 않는다. 괜한 욕심부리지 말자. 제대로 쓰지도 못하는 어설프고 허접한 물건들이 내 공간을 가득 채우게 될 거다.

'~하는 데 쓰면 좋겠다'라는 물건들

'~하면 좋겠다'로 끝나는 건 굳이 없어도 된다는 말과 같다. '어머~ 이거 문진으로 쓰면 좋겠다'라며 바다에서 주워온 돌멩이는 다음번 바다에 놀러 갔을 때 바다로 돌아갔다. '연필꽂이로 쓰면 좋겠다~' 하며 구입한 둥글고 예쁜 케이스는 아무것도 담지 못하는 예쁜 쓰레기가 되었다. 확신이 들지 않는다면 집 안으로 들이지 않는 게 낫다.

임시용 · 대체용 물건

임시로 사용할 물건이 굳이 없어도 되는 품목에도 발을 걸쳤다면, 애초에 들이지 않는 편이 낫다. 임시로 사용하려고 고른 것은 오래 사용하려고 정성껏 고른 물건에 비해 만족도가 덜할 수밖에 없다. 정해둔 예산을 초과한다는 이유로 적당한 가격에 타협한 대체품을 사는 것도 주의한다. 분명 대체품에 만족하지 못하고 원래의 물건을 추가로 구입하는 현명하지 못한 소비를 하게 된다.

소유 그 자체가 목적인 과시용 물건, 아무 이야기도 담고 있지 않은 물건

소유가 목적이 되면 소유함과 동시에 목적이 달성된다. 애초에 애착이나 의미가 담겨 있지 않으니 소유한 이후에 생기는 문제는 성가시기만 할 뿐이다. 누군가의 기념일이 인쇄된 머그잔, 굳이 필요하지 않은 사은품, 분명 고민 없이 준비했을 답례품 등 아무 이야기도 담고 있지 않는 물건들을 솎아낸다. 많을수록 집을 초라하게 만들 뿐이다.

Interior lesson 3

공간을 변화시키는
소소한 아이템

나는 물건을 적게 소유하는 것이 심플한 삶,
충만한 일상을 결정짓는 것이 아니라고 믿는다.
많은 물건을 소유하고 있어도 가진 물건들을 얼마나 잘 알고,
제대로 사용하고, 보고, 즐기고, 느끼고, 생각하는지가
내겐 더 중요한 차원의 문제다.
많은 물건이 들어차 있어도, 마치 모든 물건이
원래부터 그곳을 위해 만들어진 것인 양
더없이 편안하게 느껴지는 공간이 있다. 남들이 보기엔
어수선해 보일지라도 사는 이에겐 보이지 않는 내적 질서를 공고히 갖춘
공간일 수 있다. 물건을 적게 소유해야 한다는 것에
너무 스트레스받지 말자. 이야기가 고여 있는 물건들은
버리는 대신 간직하자. 때론 유행에 비껴 있더라도
비싸고 덩치 큰 가구보다 더 묵직한 여운을 남길 수 있다.
공간을 진정으로 변화시키는 소소한 아이템은 바로 그런 것들이다.
유행에 뒤처질까 봐 전전긍긍하게 만드는 물건 따위가 아니다.

사진

횅댕그렁한 공간이나 빈 벽이 있다면 더할 나위 없이 좋다. 나, 아이, 가족 또는 일상 속 모습을 담은 사진을 인화한다. 내가 닮고 싶은 공간, 마음을 사로잡는 사진, 여행했던 장소, 좋아하는 작가의 작품을 찍어 인화해도 좋다. 빈 벽에 가득 붙인다. 그것만으로도 비어 있던 공간은 기억하고 싶은 그날의 냄새, 닮고 싶은 사진 속 분위기, 좋아하는 작가의 감성을 한 움큼 쥐고 있는 특별한 공간이 된다.

초와 촛대

조금씩 타들어 가는 작은 불꽃이 있는 공간은 안온하다. 공간을 툭툭 건드리는 느낌은 그 어떤 성능 좋은 LED 조명으로도 결코 표현할 수 없다. 공간을 크게 차지하지 않으니 협탁, 콘솔, 벽 선반, 침대 근처, 테이블 등 어디에 올려놓아도 좋다.

블랭킷

크기는 작지만 집안에 색감, 개성, 감성, 생기, 계절감, 아늑함을 더하는 일등공신이다. 소파 위에 덮어두거나 팔걸이에 잘 개어두면 언제든 꿀잠을 선물하는 마법의 스로우가 되고, 이불 위에 길게 접어 단정히 올리면 밋밋한 침구에 생기를 불어넣는 베드러너가 된다. 의자 등받이에 가볍게 걸치면 아무것도 하지 않아도 좋은, 이완의 순간을 선물하기도 한다. 사용하지 않을 땐 곱게 접어 이불장에 넣으면 많은 공간을 차지하지 않아서 좋다. 언제든 꺼내고, 언제든 넣을 수 있다.

쿠션

40×40cm, 45×45cm, 50×50cm 중 사이즈 하나를 정해 부드럽고 포근한 쿠션 솜을 3~4개 정도 장만해둔다. 쿠션 충전재는 자연스러운 모양을 잡을 수 있고 복원력이 뛰어난 거위털이나 오리털이 좋고, 가성비 높은 마이크로화이바도 좋다. 예쁜 쿠션 커버를 발견하면 갖고 있는 쿠션 솜의 사이즈와 맞는지 확인한 뒤 구입한다. 과감한 패턴, 색감, 풍성한 소재를 선택해도 괜찮다. 작은 쿠션 하나가 과시적인 분위기를 수더분하게 완화시키거나, 밋밋한 공간에 농담을 주어 깊이감을 더하는 것을 발견한다면, 점점 더 과감한 도전을 하게 될 테니.

소파가 없더라도 쿠션은 필요하다. 인테리어 소품에서 그치는 것이 아니라 실제로 우리에게 편안함을 주는 물건이기 때문이다. 의자 등받이에 부드러운 쿠션을 대거나 딱딱한 바닥, 벽에 무심히 하나쯤 놓아두어도 좋다.

바구니

자질구레한 것들을 보다 근사하게 쓸어 담고 싶을 때 바구니만큼 좋은 게 없다. 바구니 안은 엉망진창이어도 몇 걸음 떨어져서 바구니가 놓인 공간을 보면 퍽 차분하다. 바구니의 마법이다. 바구니에는 실내화 한 켤레, 블랭킷 한 장, 와인 한 병, 피크닉 도시락 여러 개, 아이의 장난감 등이 들어가 숨는다. 와글와글했던 바닥이 순식간에 조용해진다.

화병

화병은 꽃을 담는 그릇이 되었다가, 초를 꽂는 캔들 홀더가 되었다가, 작은 식물이나 돌 따위를 담는 테라리엄이 되었다가, 물 한 방울 남김없이 비울 때면 멋진 오브제로 변신한다. 그러니 오늘은 또 무엇을 채워야 하나, 하는 걱정은 거두자. 꽃이 스러지고 초록 잎이 바스러져도 화병은 그 자리에 남는다.
하얀 도자기 화병은 담백하고 유순한 맛이 있고 투박한 도자기 화병은 거칠고 빈티지한 멋이 있다. 안이 훤히 들여다보이는 유리 화병은 투명한 맛이 있고, 짙은 색으로 치장한 유리 화병은 신비롭다.

디퓨저

향기처럼 조용하고 강한 위안이 또 있을까. 눈꺼풀을 단단히 내린 채 눈을 꼭 감고 있으면 어느새 코끝에 다가와 조용히 위로한다. 때론 잊힌 추억들을 흘러나오게 한다. 그래서 향기는 곁에 두고 싶고, 소중한 이에게 선물하고 싶다.
후텁지근한 여름에는 상큼한 시트러스 향을, 추운 겨울에는 따뜻한 오리엔탈 계열의 향을, 봄가을에는 포근한 우디 계열의 향을 들인다.

Interior lesson 4

셀프 인테리어,
느긋하게 해봐요.
다 잘될 거니

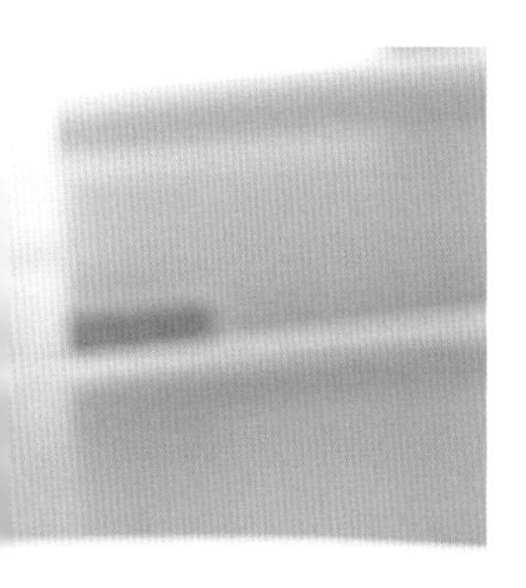

전문가들의 손길이 닿은 완벽한 집을 볼 때면
소꿉장난하듯 꼬물딱거린 내 공간은 초라해 보인다.
그럼에도 직접 손으로 집을 가꾸는 일은 근사한 점이 더 많다.
저렴한 비용으로, 내 마음대로 내가 원하는 집을
만들 수 있다는 것이 가장 큰 장점이다.
도전해보고 싶지만 전문가들이 꺼리는 시공법도 마음껏 할 수 있다.
그들이 말하는 인테리어 규칙들을 흘려들어도
뭐라고 할 사람이 없다. 일명 '야매 시공'이라고 하는
그 어설픔이 우리 집을 더 우리 집답게 만들 때도 있다.

셀프 인테리어는 내가 사는 집 구석구석에 애정을 쏟게 만든다.
무엇보다 셀프 인테리어는 '끝'이 없다.
그것은 늘 미완의 공간으로 남는다는 단점이 될 수도 있지만,
마감 따위가 없다는 건 느긋하게 즐길 수 있는 여유가 되기도 한다.
시간이 있을 때, 여유가 있을 때, 마음이 동할 때마다
천천히 느긋하게 집을 가꾼다.
당장 완벽한 집으로 거듭났으면 좋겠다, 라는 조바심만 거둔다면
나의 취향을 언젠가는 우리 집에 근사하게 드러낼 수 있는
날이 올 것이다. 완벽해서 차갑고 쌀쌀맞은 공간이 아니라
불완전해서 따뜻하고 좋은 우리 집.
어설픈 손길이 닿을 때마다 집을 더 좋아하는 게 느껴진다.
그만큼 집에 대한 애정도 커졌다.
셀프 인테리어의 묘미는 그런 게 아닐까.

셀프 인테리어의 시작,
사진을 찍고 우선순위를 정한다

모든 공간의 사진을 찍는다. 거실 전체, 거실 한쪽 벽, 거실 조명, 거실 새시, 주방 전체, 주방 한쪽 벽, 싱크대, 식탁이 있는 공간 등 전체와 부분으로 나누어 찍는다. 사진을 찍어 한눈에 볼 수 있게 놓으면 오롯이 한 공간에 대해 조금 더 객관적으로 평가할 수 있게 된다. 이 방법은 새로운 가구를 고를 때나 집안 정돈이 필요할 때에도 요긴하게 쓰인다. 우리 집의 문제가 무엇인지 모르겠다면 먼저 사진을 찍어보자. 어울리지 않는 가구, 칙칙한 몰딩, 방을 어지럽게 만드는 복잡한 패턴의 붙박이장, 공간을 잡아먹는 벽지, 형형색색의 소품들, 오히려 지저분해 보이는 수납가구 등 늘 그 자리에 있어서 익숙한 것들을 새로운 시선으로 볼 수 있다.
사진을 찍었다면 살면서 불편한 부분이나 부족한 부분, 마음에 들지 않는 부분들을 최악의 순서대로 우선순위를 매긴다. 나는 아래와 같이 우선순위를 정했다.
그렇게 결정된 우선순위는 예산과 시공의 순서를 정할 때 기준으로 삼는다. 셀프 인테리어는 마감이 없기 때문에 당장 모든 부분을 동시에 손대지 않아도 괜찮다. 우선순위 항목의 1번부터 목록을 하나씩 제거해나가며 공간의 변화를 마음껏 즐기자. 셀프 인테리어를 지치지 않고 계속할 수 있게 하는 동기부여가 될 것이다.

1. 낡고 허름한 아트월
2. 집 전체를 덮은 꽃무늬 벽지, 스트라이프 벽지, 누런 벽지
3. 꽃무늬 하이그로시 신발장과 현관 바닥 타일
4. 짙은 갈색 하이그로시 싱크대
5. 냉장고 옆면이 바로 들여다보이는 주방
6. 꼬질꼬질한 주방 조명
7. 지저분한 타일이 붙어 있는 넓은 베란다
8. 갈색 몰딩, 섀시, 방문
9. 현관과 거실을 구분하는 중문 혹은 가벽이 필요
10. 반신욕을 위한 욕조가 필요

원하는 공간의 이미지를 모은다

네이버, 구글, 블로그, 인스타그램, 핀터레스트와 같은 사이트에서 원하는 공간이나 컨셉을 검색하여 이미지를 모은다. 이미지를 검색할 때 집의 면적을 크게 차지하는 가구나 가전이 있다면 그것을 포함한 공간을 우선적으로 찾아보는 것이 좋다. 우리 집엔 블루 컬러의 소파가 있었다. 거실 벽 인테리어와 조명, 액자 등 홈스타일링을 고민하면서 핀터레스트에서 'BLUE SOFA'를 검색했다. 그리고 그것은 큰 도움이 되었다.
모은 이미지는 공간별 또는 시공별 폴더를 만들어 세분화한다. 한두 장이 담겼을 땐 잘 모르지만, 수십 장이 모이면 내가 진짜 원하는 분위기가 무엇인지 알게 되는 순간이 온다. 예를 들어 나의 'Living Room Wall Ideas' 폴더에 들어 있는 사진에는 대부분 작은 액자가 붙어 있고, 가늘고 심플한 웨인스코팅 장식이 자리하고 있었다. 벽은 하얀색이 많았다. 그중 그레이와 베이지가 섞인 듯한 묘한 분위기의 컬러가 마음을 흔들었다. 결국 거실의 낡은 아트월 대신 이 컬러에 가느다란 웨인스코팅 장식을 한 거실 벽을 만들었다.

1

2

1 거실 벽 시공(before&after)
2 침실 벽 페인트 시공(before&after)

3

4

5

3 베란다 바닥재 시공(before&after)
4 책장 활용한 가벽 시공(before&after)
5 조명 시공(before&after)

구체적인 계획을 세운다

셀프로 진행할 수 있는 부분을 체크해보자. 내가 원하는 공간을 만들기 위해 필요한 시공법이 무엇인지 정확히 알고, 내가 할 수 있는 셀프 인테리어의 범주에 속하는지 판단하는 것이 무엇보다 중요하다. 남들은 뚝딱뚝딱 해낸다지만, 초보가 바로 도전하기 힘든 셀프 인테리어 영역이 존재한다. 벽 철거, 주방 상부장 제거, 타일 시공, 붙박이장 제작, 중문 설치와 같은 까탈스러운 시공들. 간단히 바닥 장판을 셀프로 시공하고 싶지만 바닥이 울퉁불퉁하거나 단차가 심한 경우, 벽에 페인팅을 하고 싶지만 벽지의 상태가 좋지 않아 모두 뜯어내야 하는 경우는 고민이 필요하다. 간단한 줄 알았으나 막상 시공법을 확인해보니 생각보다 복잡하거나 많은 공구가 필요한 경우도 있다. 이럴 땐 전문가의 도움을 받거나 기성품을 구입하는 것이 인테리어의 완성도와 만족도를 높일 수 있는 방법이다.

예산과 기간을 설정한다

예산은 총예산과 공간별, 시공별 예산으로 나누어 짠다. 예산이 부족한 경우 임시로 혹은 저렴한 대체품으로 시공하는 것은 금물이다. 차라리 그 부분은 뒤로 미루는 편이 더 낫다. 나의 경우 임시로 혹은 대체로 한 시공은 좀처럼 만족되지 않았으며, 볼 때마다 눈에 거슬렸다. 결국 처음에 계획했던 대로 다시 시공했다. 돈은 돈대로, 품은 품대로 들었지만 완성도는 처음보다 못한 상태가 되었다.
시공의 순서는 우선순위대로 진행한다. 각 시공별 기간은 다소 여유 있게 정하고, 웬만하면 그 기간 안에 완성한다.

Kitchen

부엌_ 나만의 아틀리에

19 CALIFORNIA 26
RT ROUTE 66 66
19 85

쓸수록 정드는
부엌가구

진짜 빈티지한 그릇장

요즘엔 깍쟁이처럼 딱딱 떨어지지 않고 어딘가 느슨해 보이는 가구가 좋다. 외할머니의 낡은 가구가 슬며시 오버랩되는 그런 가구들이 좋다. 곰살궂은 면이 있고 어딘가 투박한, 세월의 흐름을 새겨둔 것 같은 빈티지한 가구가 좋다. 쓸수록 정드는 부엌가구란 그런 가구가 아닐까. 유행에 휩쓸리지 않고, 늘 그곳에 있어도 좋은 가구.

주방에 빈티지한 그릇장을 들이고 싶었지만 진짜 마음에 드는 건 '10년 안에 내가 구입할 수 있을까?' 싶을 정도로 비쌌다. 그렇다고 임시용으로 대충 채우고 싶지는 않았다. 하릴없이 내 주방은 1년 넘게 어설피 비어 있었다. 새로 론칭하는 모던 가구 브랜드에서 그동안 내가 기다려왔던 그릇장을 보았다. 외할머니의 식기장을 생각나게 하는 작은 그릇장이었다.

투박한 나무문 대신 투명한 유리가 끼워진 이 부엌가구가 좋다. 때때로 슥, 열면 다른 세상이 튀어나올 것만 같다. 북유럽 디자인의 조형성을 갖고 있되 복고의 감성이 여기저기 묻어 있다. 추억을 회상하게 하는 디자인적 요소도 근사하지만 노랗지도, 붉지도 않은 색감은 건조했던 부엌을 사람 냄새나는 따스한 곳으로 만들어준다. 부엌을 벗어나서도 자꾸 돌아보게 되는 이유다.

뉴레트로 멀티장식장 **매스티지데코**

듬직하고 소박한, 그런 식탁

묵직하고 거칠게, 자연에 존재하던 때의 모습을 숨김없이 드러낸 식탁. 통원목으로 만든 우드슬랩 식탁을 내 공간에 두는 것은 나의 오랜 로망이었다. 단순히 밥을 먹는 용도의 가구로만 고른다면 훨씬 저렴하고 트렌디한 가구들이 많지만, 우리 가족생활의 중심을 만든다고 생각하니 우드슬랩보다 더 괜찮은 식탁은 없어 보였다.
우드슬랩 식탁은 공간을 압도하지만 권위적이거나 과시적이지 않다. 오히려 다정하고 소박하다. 그리고 듬직하다. 시간이 천천히 흘렀으면 좋겠다 싶을 때 우리 가족은 한참이나 그곳에 앉아 있는다.

평생 사용할 것이라는 다짐과 함께 우드슬랩 식탁을 들였다. 그리고 그만큼 구매할 때 신중에 신중을 기했다. 우선 우드슬랩을 전문적으로 취급하는 곳을 선택했다. 통나무를 직접 수입하여 제재, 건조, 가공까지 안전하게 진행하는 곳으로. 떡판을 고를 때는 '이거다' 싶은 나무가 있을 때까지 느긋한 마음도 필요하다. 우드슬랩 식탁의 경우 사이즈가 클수록 훨씬 근사한 분위기를 갖는다. 나는 좁은 주방에 두느라 길이를 1,800mm로 선택했지만, 공간의 여유가 넉넉하다면 2,100mm 이상이 우드슬랩 특유의 웅장한 분위기를 더 잘 살려줄 것이다.

우드슬랩 식탁 **데코룸**

오늘도 진행 중입니다.
셀프 인테리어

이사를 했다. 내가 가진 물건들을 그대로 가져와
부엌에 채웠음에도 불구하고 이전과는 다른 얼굴의 부엌이 되었다.
생각만 해도 좋은 부엌에 낯섦과 새로움이 더해지니 내 부엌이 더 좋아졌다.
오늘도 부엌에 앉아 무엇을 더하고 빼면 좋을까 궁리한다.
우리 가족이 부담 없이 앉아서 무언가를 하기도 좋고,
때론 푹 쉴 수 있는 공간이 되었으면 좋겠다. 셀프 인테리어는 진행 중이다.

조명 교체하기

어떤 조명갓을 선택하느냐에 따라 빛이 발산하는 모습이나 빛이 퍼지는 정도, 조도가 달라진다. 인테리어 분위기도 달라진다. 전문가의 도움 없이 내 손으로 펜던트 조명을 교체하던 날. 빛의 질감을 얼른 눈으로 더듬어보고 싶어서 밤이 되기만을 기다렸다.

1 누전 차단기를 내리고 조명의 브래킷(조명을 천장에 고정하는 부속품)을 제거한다.
2 천장의 구멍 안에서 두 갈래의 전선을 끄집어낸다. 새로 교체하려는 조명의 전선과 이어주는 전선으로, 네모난 흰색 커넥터로 연결하면 쉽다.
3 1등 조명을 2개 설치하기 위해 2등짜리 프렌치를 구매한다. 새로 설치하려는 1등 조명의 전선을 프렌치 구멍에 통과시킨다. 또 다른 1등 조명의 전선도 프렌치의 다른 구멍에 통과시킨 뒤 2개 조명의 전선을 색깔별로 맞춰 꼬아준다.
4 3에서 꼬아놓은 전선을 네모난 흰색 커넥터에 넣어 천장에서 끄집어낸 전선과 연결한다.
5 연결한 전선을 프렌치 안으로 모아 정돈한 뒤 프렌치를 천장에 단단히 고정한다.

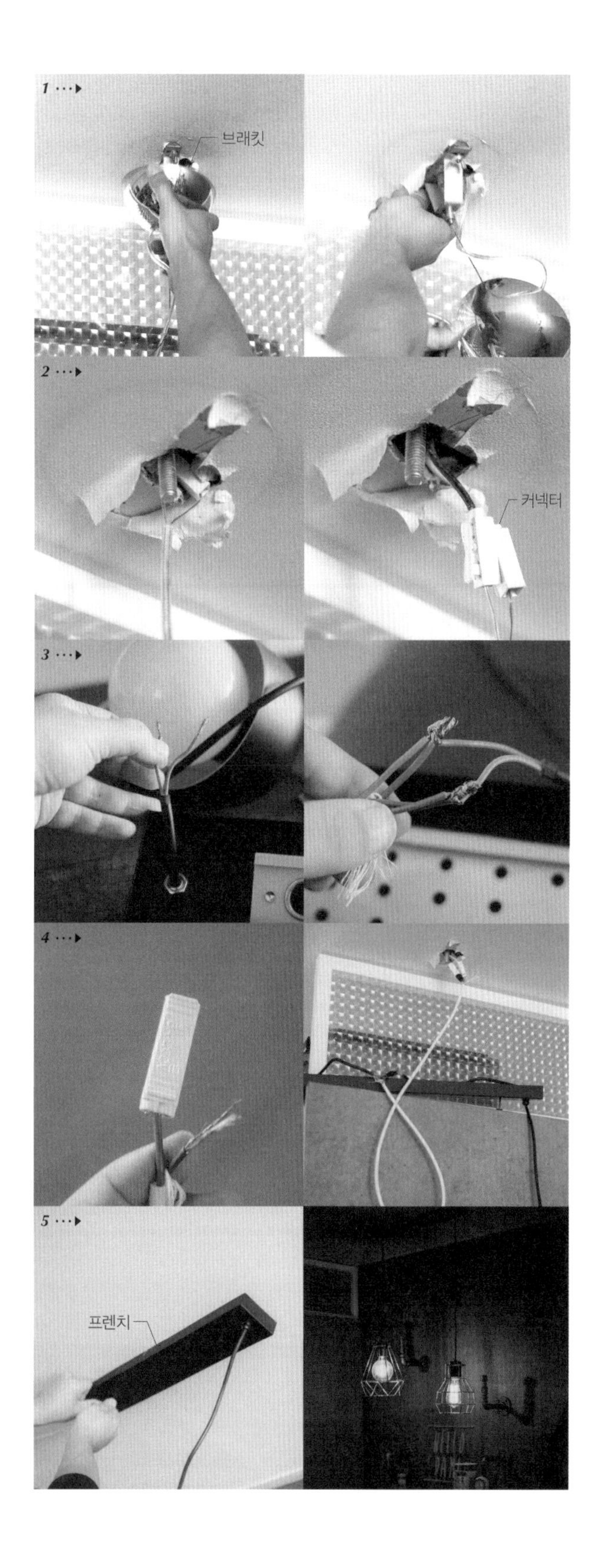
1
브래킷
2
커넥터
3
4
5
프렌치

주방 타일 붙이기

해외 인테리어 자료를 보다가 한순간에 매료된 타일을 발견했다. 메탈 타일.
간결하고 편안한 느낌의 화이트 키친에 마음이 기울었었는데, 결국 메탈 타일을 시공하게 됐다.
분명 해가 닿는 날엔 햇살 한 줌도 아낌없이 반사하여 눈부시게 반짝이는 부엌이 될 것이다.

1 기존 타일 위에 붙이는 점착식 메탈 타일을 구입한다.

2 주방 타일 벽의 이물질과 먼지 등을 제거하고 깨끗하게 닦은 뒤 완전히 건조한다. 그라인더를 이용해 원하는 사이즈로 메탈 타일을 재단한다.

3 타일의 끝면이 깔끔하게 맞물리도록 주방 벽의 가장자리부터 차곡차곡 붙여나간다. 가스 밸브, 콘센트 등이 위치한 곳은 모양에 맞춰 한 조각씩 재단하며 붙여나간다.

tip. 점착식 메탈 타일은 쉽게 부착할 수 있어요. 줄눈 간격을 맞추거나 줄눈 시공을 하지 않아도 되는 제품이지만 문제는 커팅. 가위로 쉽게 자를 수 있는 제품들도 많은데, 하필 내가 선택한 제품은 두꺼운 메탈 소재여서 그라인더를 추가로 구입해 잘라야 했어요. 타일 커팅은 시끄럽고 위험하며 번거롭습니다. 요즘엔 다양한 패턴, 크기, 두께의 점착식 타일들이 많이 출시되고 있으므로 시공방법을 꼼꼼히 확인한 후 구입하세요.

싱크대 필름지 붙이기

베이지 톤의 싱크대 상부장과 짙은 갈색의 싱크대 하부장은 주방을 누렇게 물들이고 있었다.
때가 탄 듯 꼬질꼬질한 주방에 가까웠다. 무엇보다 이런 부엌에서의 일상은 도무지 행복하지 않았다.
30대의 내가 머물고 싶은 부엌을 만들기로 했다. 차분한 그레이 톤으로.

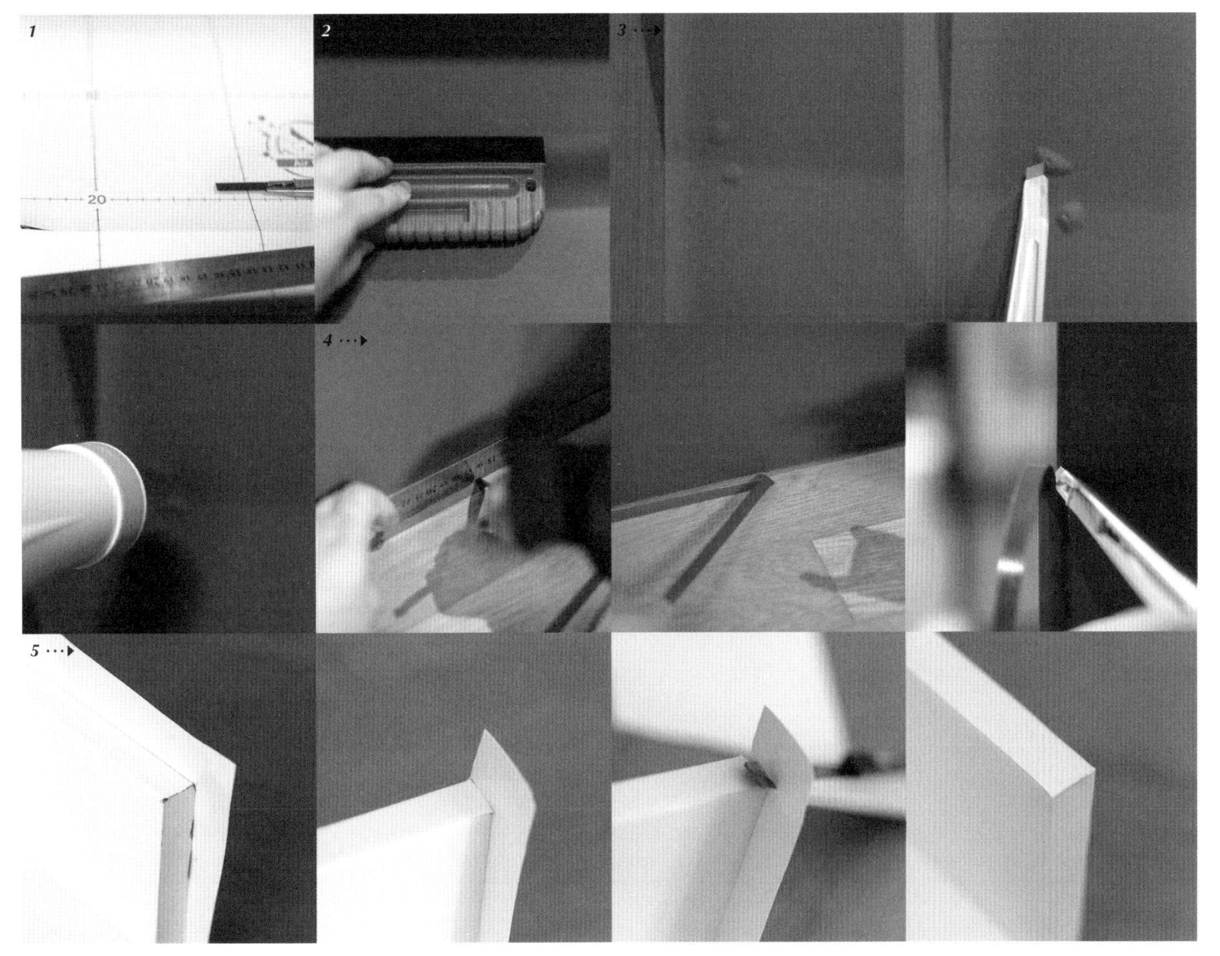

1 싱크대의 먼지와 얼룩을 깨끗하게 닦는다. 싱크대의 사이즈를 측정한 뒤 3~5cm 정도 여유 있게 필름지를 재단한다. 필름지 뒷면의 눈금을 참고하면 쉽다. 필름지를 붙일 싱크대 표면이 실크벽지나 MDF 등 잘 붙지 않는 면일 때는 수성 프라이머(젯소)를 먼저 발라 건조한 뒤 붙이면 접착력이 더욱 강해진다.

2 재단한 필름지 끝부분의 이형지를 조금 떼어낸 뒤 싱크대 위쪽부터 붙인다. 한 손으로 이형지를 조금씩 떼어내면서 다른 한 손으로 고무헤라를 위에서 아래로 밀어준다. 이때 필름지를 더욱 쉽고 깔끔하게 붙이고 싶다면 싱크대의 문짝을 떼어낸 뒤 붙인다.

3 필름지에 기포가 생기면 칼날 끝으로 기포의 아래쪽에 구멍을 약간 낸 뒤 고무헤라를 이용해 위에서 아래로 밀며 공기를 빼낸다. 드라이기로 따뜻한 바람을 쏘아준 뒤 밀착시켜도 좋다.

4 필름지를 끝까지 붙이고 남은 부분은 자를 대고 칼로 그은 뒤 떼어낸다. 싱크대 옆면에 필름지가 남았다면 칼날을 직각으로 세워 싱크대 옆면에 최대한 붙여 자른다.

5 모서리 끝부분은 싱크대 끝부분에 딱 맞게 필름지를 1자로 칼로 그은 뒤 밀어붙인다. 남은 필름지 역시 싱크대 끝부분을 따라 1자로 칼로 잘라낸 뒤 밀어붙인다.

Living room

거실_ 편안하거나 생산적이거나

결핍이 주는 풍요,
TV를 치우다

거실에는 늘 TV가 켜져 있었다. 집중해서 볼 때보다 의미 없이
'그냥' 켜져 있을 때가 더 많았다. 어느 날 TV가 물러났다.
순전히 인테리어 때문이었다. TV가 있는 우리 집 거실은
정말 하나도 멋지지 않았기 때문이다.
TV가 없는 거실에서 우리 가족은 할 일이 없어진 사람들처럼 당혹스러웠다.
소파에 앉아있으면 뭘 해야 할지 몰라서 안절부절 못했다.
그 공간에 책이 스며들었다. 책을 읽고 싶지만
늘 시간이 없다며 핑계만 댔던 나는 그제야 깨달았다.
나는 가만히 앉아 활자를 읽는 게 좋았고, 가만히 활자를 읽는 내가 좋았다.

담이의 놀이도 다양해졌다.
유튜브 채널 대신 책을 읽거나 계산기를 두드리며 사장님 놀이를 한다.
바닥에 뒹굴던 쿠션을 소파에 어설프게 정렬해놓고
그 위에서 인형놀이를 하다가 엄마 팔을 베고 스르르 잠에 빠지기도 한다.
가끔은 멀쩡한 부엌을 두고 거실에서 쿠킹클래스가 진행된다.
아이가 먼저 볕이 잘 드는 거실 테이블에서 하자고 권유하는 날엔,
나도 신이 나서 거실로 음식들을 내온다.

TV가 거실에서 없어지자 우리는 함께 하는 시간이,
함께 나누는 이야기가 많아졌다. 어디에서 시간을 선물이라도 받은 것처럼.
결핍만이 줄 수 있는 풍요다.

다이닝 테이블을 둔다는 것

식탁이 주방을 떠나게 되었다.
좁은 주방 때문이었다.
어쩔 수 없이 거실에 식탁을 두기 시작했는데
곧 우리의 선택이 꽤 괜찮은 결정이었음을 깨달았다.
우리 가족은 소파를 집의 중심, 거실의 중심,
생활의 중심이라고 생각했었는데
그 중심이 점차 다이닝 테이블로 기울기 시작했다.
누군가 집에 오면 소파보다 마음에 드는 의자에
앉기를 권한다. 그편이 내가 차를 내기도 편하다.
간단한 과일을 썰며 이야기를 나누거나
주전부리를 주섬주섬 꺼내 놓기에도 좋다.
부엌은 아무래도 어둡고 구석지고 은밀한 느낌이 있다.
반면 탁 트인 거실은 우리가 이야기를 나누기에
가장 좋은 곳이었다.

네모난 테이블을 사용하다가
원형 테이블을 추가로 들인 건 잘한 결정이었다.
원형 테이블에는 특별히 '좋은 자리'가 없다.
뾰족한 귀퉁이가 없어 어디든 의자를 가져다 앉으면
그곳이 우리의 자리가 된다.
아이 옆에 바싹 붙어 앉아 밥을 먹기에도 좋다.
거실에 두어도 어수선하거나 좁아 보이지 않는다.
둥근 상판은 날을 세우지 않으며 편안하고 단순하다.

원형 테이블 **이케아**

영감을 주는 곳이었으면 해요,
당신의 거실은

영감(靈感),
창조적인 일의 계기가 되는 기발한 착상이나 자극.
우리는 영감을 얻기 위하여 '리프레시', '힐링' 같은
멋진 이름표를 붙이고 떠난다.
목적지는 집 앞 느낌 좋은 카페, 먼 나라로의 여행,
또는 영감을 주는 사람이 있는 곳이 된다.
그 영감이란 걸 줄 수 있는 곳이 내 집 거실이라면
얼마나 좋을까. 나는 공간을 많이 차지하지 않고,
언제나 긍정적인 변화를 주면서
영감을 주는 물건에 대해 고민했다.
그리고 '예술'에서 답을 찾았다. 거실에 그림을 걸던 날.
예술은 거창하거나 심오하거나 불편하지 않았고
큰돈도 필요하지 않았다. 빈 벽에 걸린 그림 한 점이
덩치 큰 가구보다 공간을 충만하게 채웠다.

그림을 자주 교체하거나 위치를 옮긴다면 갤러리 레일을 시공하는 게 편하다. 못을 박지 못할 땐 꼭꼬핀을 이용한다.

같은 작품이라도 액자를 달리하면 분위기에 변주를 줄 수 있다. 심플한 화이트-블랙 스틸 액자, 본질을 드러내는 캔버스 액자, 화려한 골드 액자, 따스한 우드 액자 그리고 프레임 그 자체가 예술이 되는 액자들도 있다.

사진 Some flowers #2, #3

사진 **마크 리부의 에펠탑의 페인트공** 수제 액자 **제이스 갤러리**

그림도 유행을 탄다. 더 이상 그림이 설레지 않을 때는 다른 작품과 레이어드해 예술적 깊이감을 더한다.

석고상은 독특한 분위기의 예술 작품이 된다. 비너스의 온화한 분위기가 공간에 온기를 더하고, 하얀빛과 연보랏빛 어여쁜 색감의 절묘한 만남은 계속 시선을 두어도 편안하다.

그림 (좌)**앤디 워홀의 아이스크림 디저트** (우)**피카소의 드로잉**

오블리크 비너스 석고상 **위아트**

거실을 어떻게 채울까.
당신이 가장 잘 압니다

소파를 들이다

생애 첫 '나의 거실'을 갖게 되었을 때 가장 먼저 한 일은 큰 소파를 들이는 것이었다. 작은 집 거실의 절반을 채우는 까만색 소파. 앉는 것 말고는 할 게 없는 융통성 없는 소파. 그래서다. 네 번의 이사를 다니며 가장 큰 변화가 있었던 건 단연 소파였다.
여유롭고 느슨한 거실이 필요했다. 그 공간에 어울리는 소파를 찾아 헤매다 결국 지금의 3인용 소파를 만났다. 바닥, 벽, 러그, 기존 가구의 색감과 잘 어우러졌다. 특히 차분하고 따스한 느낌이 좋다. 집의 분위기를 좌우하는 까탈스러운 가구, 소파. 어떻게 선택해야 할까?

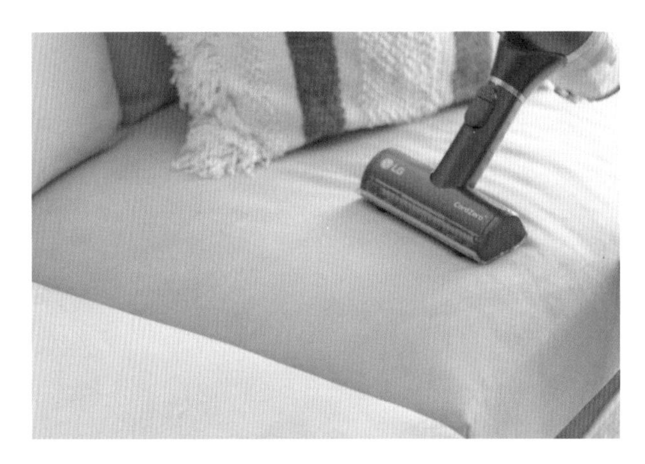

소파 **우디크**

우선 소파가 필요한지 살핀다

의미 없이 자리만 차지하는 소파는 거실 공간을 잡아먹는 덩치 큰 짐일 뿐이다. 거실에서 무엇을 하는지, 무엇을 하고 싶은지 살피면 쉽게 답을 찾을 수 있다. 꼭 필요하지 않다면 비워두어도 좋다.

사이즈를 측정한다

소파를 구입할 때는 거실의 실측 사이즈를 정확히 알아야 한다. 거실의 폭과 너비는 물론 들일 소파의 좌방석 깊이, 등받이 쿠션의 폭과 등받이의 각도도 꼼꼼하게 살핀다. 특히 거실을 넓게 쓰고 싶거나 20평 이하의 소형 평수는 좌방석의 깊이가 얕은 것, 등받이 쿠션의 폭이 좁은 것을 선택한다. 등받이가 낮은 소파는 거실을 넓어 보이게 하는 효과가 있다.

장소와 형태를 결정한다

소파를 벽에 붙일 것인지, 거실 중앙에 둘 것인지, 창가에 둘 것인지 위치와 놓을 방향을 결정한다. 소파에 앉았을 때 무엇을 보고 싶은지, 무엇을 하고 싶은지 생각하면 쉽다. 거실 중앙에서 아이와 함께 마주 보고 앉아 이야기를 나누는 대면형 거실을 원한다면 3+1+1 또는 2+2인으로 사용할 수 있는 모듈러 소파를 선택한다. 창밖이 아름다운 집이라면 3인용 일자형 소파를 거실과 마주 보도록 두어 창밖에 시선을 두게 해도 좋다.

원하는 소재를 생각한다

소파의 소재는 크게 가죽과 패브릭으로 나눌 수 있다. 가죽은 클래식한 멋이 있어 공간에 안정감을 준다. 앉았을 때 안락하다. 패브릭은 포근한 분위기가 있어 공간을 따스하게 만든다. 앉았을 때 부드럽다. 패브릭 소파의 단점은 물에 약하고 오염이 쉽다는 점이었는데, 요즘엔 방수가 가능하며 오염 제거가 쉬운 소파들을 쉽게 찾아볼 수 있다.

색상과 디자인을 결정한다

무채색은 모던한 분위기가 있고, 원색은 거실을 개성 있게 만들며, 밝은색은 화사하고 아늑하다. 어두운색은 묵직하고 안정감을 준다. 거실 분위기도 고려 대상이다. 벽지와 바닥의 색감, 농담과 비슷하게 선택하면 단정한 느낌이 든다. 확고한 취향이 있는 게 아니라면 화려하거나 패턴이 크고 짙은 것은 피하는 게 좋다. 거실 분위기에 변화를 줄 때 큰 제약이 될 수 있으므로 과감한 색상과 큰 패턴은 쿠션이나 윙체어에게 양보하는 게 낫다.

거실을 더 거실답게 만드는 가구

편안히 앉을 소파를 골랐다면 곁에 둘 사이드 테이블, 스툴, 소파 테이블 등을 고른다. 소파와는 달리 소가구들은 장식성을 조금 더해도 부담스럽지 않다. 소파에 앉아서 사용할 건지, 발을 올려놓을 용도인지, 물잔을 얹어둘 용도인지, 책을 읽거나 노트북을 할 것인지에 따라 크기와 높이, 소재와 디자인을 결정한다. 소파의 다릿발이 얇고 가느다란 경우 소가구의 다리는 단순한 디자인으로 골라 공간의 균형을 맞춘다. 색을 도저히 못 고르겠을 땐 따뜻한 톤의 화이트를 선택하면 후회할 일이 적다.

거실장 또한 용도를 고려한다. TV를 놓거나 액자를 세워둘 것인지, 조명을 올릴 것인지에 따라 높이와 크기, 폭이 달라진다. 장식을 위한 용도라면 장식품을 갤러리처럼 올려두기 좋은 거실장을 고른다. 수납이 부족하다면 폭이 깊고 높은 수납장을 골라도 좋다. 공간에 여백을 두고 싶다면 단순한 디자인이나 개방적인 디자인의 낮은 거실장을 선택한다. 물론 거실에 거실장이 없어도 좋다.

거실장 **우디크**

러그 예찬

러그는 늘 애증의 대상이다. 상태가 좋지 않은 원목 바닥을 감추고 층간 소음을 줄이기 위해 거실엔 늘 러그를 두었다. 그러나 하나의 러그로 정착하지는 못했다. 면으로 된 러그는 밀리거나 잘 구겨졌고, 극세사 러그는 오염이 쉽고 세탁이 힘들어 찜찜했다. 러그는 소재마다 계절성이 커서 계절마다 알맞은 러그로 교체해야 하는 번거로움도 있다. 직전에 사용하던 황마 러그는 무심한 듯 거친 느낌이 여름 인테리어에 잘 어울리고 공간에 포인트가 되었다. 그러나 소재 자체의 특성 때문에 지푸라기들이 날린다.

그러던 중 네덜란드에서 온 러그 하나를 선물 받았다. 내가 그동안 찾아 헤매던 러그였다. 베이지색인데, 여름엔 시원하고 겨울엔 따스한 느낌이 있어 사계절 내내 사용할 수 있다. 소재는 안전하고 털 날림이 없으며 청소기와 물걸레질이 다 가능하여 일상에서 쉽게 관리할 수 있다는 점이 나를 매료시켰다. 얼핏 성긴 느낌이 있으면서도 짜임은 퍽 정교하고 야무진 구석이 있다. 촉감은 따갑지 않고 기분 좋은 까슬까슬함이 있어 걸을 때마다 발도 좋아한다.

베이지색 러그 **주지아내 블로그**, 황마 러그 **이케아**

어떻게 가릴까, 커튼 혹은 블라인드

무겁고 두툼한 암막 커튼을 떼어내고 화이트 우드 블라인드를 설치했을 때 나는 날아갈 것 같았다. 딱 떨어지는 단정한 분위기와 간결한 느낌이 마음에 쏙 들었다. 화이트지만 소재가 우드라 알루미늄과는 달리 따스한 느낌도 있었다.

블라인드는 여러 종류가 있다. 가격이 비싼 편이지만 공간을 변화시키는 힘이 가장 큰 것은 우드 블라인드다. 슬릿으로 채광을 미세하게 조절할 수 있어 바람이 부는 날 슬릿만 살짝 세우면 얇은 커튼보다 바람이 쉬이 드나든다. 복잡한 베란다를 가릴 때, 못생긴 베란다 새시를 가릴 때에도 딱이다. 커튼은 블라인드에 비해 따스하고 친밀한 분위기를 연출한다. 시각적으로 포인트를 주고 싶을 땐 커튼의 색이나 패턴을 과감하게 선택해도 좋다. 빛이 너무 강하거나 단열이 필요하다면 두툼한 암막 커튼과 속커튼으로 구성해도 좋다.

우리 집 거실은 암막 커튼이 필요하지 않아 2겹 주름 커튼을 설치했다. 블라인드에서 커튼으로 교체한 이유는 딱 떨어지는 단정함보다는 편안하고 헐렁한 분위기를 원했기 때문이다. 화이트 컬러의 커튼은 밖에서 안이, 안에서 밖이 적나라하게 들여다보이지 않지만 은은하게 비친다. 빛을 가볍게 걸러 들이기 때문에 은은한 빛을 내뿜는다. 낮에는 커튼을 모두 닫아도 답답하지 않다. 바람이 부는 날 드레스 자락처럼 흩날리는 커튼을 보면 마음도 일렁인다.

2겹 주름 속커튼 **코지코튼**
화이트 우드 블라인드 **디자인그리다**

핸디코트 바르기

거실을 칙칙하게 만드는 광택 있는 엠보싱 벽지와 짙은 몰딩은 머물기 싫은 거실의 주범.
벽을 바꾸기로 했다. 소파를 놓을 공간이기에 조금 거친 질감을 표현해도 잘 어울릴 것이다.
비정형적인 패턴과 질감을 나타내는 퍼티 작업에 도전했다.

1 시공할 벽면의 이물질을 제거한다. 핸디코트가 묻지 않아야 할 몰딩에는 마스킹 테이프를 붙이고, 스위치 커버와 콘센트는 커버를 떼어낸 뒤 커버링 테이프로 가린다.

2 흙손이나 고무헤라에 핸디코트를 덜어 벽면에 얇고 평평하게 펴 바른다. 핸디코트가 고르지 못한 부분은 건조한 후 사포나 샌딩기로 표면을 매끈하게 정돈한다.

3 벽에 거친 질감을 더하기 위해 다시 고무헤라에 핸디코트를 덜어 얇게 펴 바르며 무작위로 거친 패턴을 낸다.

4 12시간 후 덜 발린 부분이 있다면 핸디코트를 덧바르고 마르기 전에 마스킹 테이프와 커버링 테이프를 제거한다. 하루 정도 건조시킨다. 벽면이 완전히 마르면 사포로 고르지 못한 부분이나 날카로운 부분을 문질러 표면을 정리한다. 사포 작업 시 분진이 많이 발생하므로 창문은 반드시 모두 열고 장갑과 마스크를 착용한다.

5 원하는 질감의 벽이 완성되면 바니시(수성 코팅제)를 꼼꼼하게 발라 코팅 처리한다. 특유의 매트한 질감을 살리고 싶을 땐 무광 바니시를 선택한다.

Veranda

베란다_ 낭만이 깃든 공간

무엇이든
될 수 있는 곳

어떻게 꾸미느냐에 따라 베란다는 180도 달라진다.
누군가에게는 가리기 바쁜 커다란 창고로,
누군가에게는 매력적인 알파룸으로 진가를 발휘한다.
전자가 될 것이냐 후자가 될 것이냐는
공간에 얼마큼 관심을 갖고 애정을 쏟느냐에 따라 달라진다.
확언할 수 있는 건,
베란다는 가치 있는 공간이 될 수 있다는 것이다.

베란다 정원

작은 텃밭을 만들고 반려식물을 예쁘게 놓으면 베란다 정원이 된다. 베란다는 집에서 햇볕이 가장 많이 들어오는 곳이며 바람이 가장 잘 통하는 곳이다. 반그늘에서 키워야 하는 몇몇 식물을 제외하면 대개 식물에겐 베란다가 최적의 장소다. 창가 곁에 식물을 모으자. 베란다의 식물은 집 내부와는 달리 동선을 방해하지 않으며 햇살을 머금고 초록의 생명력을 짙게 드리운다. 화분으로 독특한 분위기를 만들어도 좋고, 토분과 같은 따스한 느낌의 화분으로 통일하여 어수선하지 않게 연출해도 좋다.

작업실 겸 서재

방이 모자라 작업실이나 서재 만들기를 포기했다면 베란다가 좋은 대안이 될 수 있다. 아주 더운 날, 아주 추운 날을 제외하고 베란다는 일에 몰두하기 좋은 곳이다. 편안한 테이블 하나, 의자 하나, 조명 하나, 노트북이나 작업에 필요한 도구들을 가져다 두면 다른 공간과 분리된 어엿한 서재나 작업실이 된다.

베란다 캠핑

봄, 여름, 가을에는 인디언텐트를 치고 고기를 굽는다. 퍽 게으른 집돌이 집순이 부부가 즐기는 베란다 캠핑이다. 천장과 창문이 있지만 베란다 공간 특유의 실외 느낌 때문에 제법 캠핑하는 기분이 난다. 텐트, 랜턴, 접이식 테이블, 해먹을 닮은 의자 하나만 있으면 감성 캠핑이 따로 없다. 비록 새소리, 바람 소리, 풀벌레 소리, 풀냄새, 햇볕 냄새, 자욱한 연기는 없지만 눕고 싶으면 눕고, 먹고 싶으면 먹는다. 밤이 어둑해지면 빔프로젝터 하나 가져와서 영화도 볼 수 있다.

흰색 수납장 (좌)**마켓비**, (우)**이케아**

팬트리

수납공간이 부족하다면 베란다 벽을 활용한다. 찬넬 선반을 설치하거나 커다란 수납장, 두툼한 철제 랙 등을 이용해 베란다 한쪽 벽면을 수납공간으로 만든다. 든든한 팬트리가 된다.

다이닝 룸

아일랜드 테이블이나 다이닝 테이블을 놓으면 순식간에 근사한 다이닝 룸이 된다. 베란다에서 밥을 먹으면 자연스럽게 커다란 창밖에 시선이 간다. 소풍 온 듯한 기분이 들어 즐겁다. 비 오는 날, 눈 오는 날의 식사는 그 어떤 고급 레스토랑보다 값지다.

홈 카페

더위나 추위가 물러나는 시기가 되면 우리 집에는 베란다 홈 카페가 오픈한다. 꼭꼭 닫아두었던 베란다 새시를 활짝 열고 커피 머신, 탄산수 제조기, 티와 찻잔, 티포트를 가져다 놓는다. 하루에도 몇 번씩 드나들며 차를 마시고 커피를 마신다.

원형 테이블, 의자 **마켓비**

바닥에 우드를 들이다

베란다를 다이닝 룸 겸 홈 카페로 만들기로 했다.
맨발로 왔다 갔다 자유로이 드나들 수 있기를 원했다.
그래서 선택한 것은 우드데크.
자, 이제 실내화를 벗어야지. 얼마든지 맨발로 다닐 수 있는
베란다가 생기자 베란다만큼 우리 집이 더 넓어진 것 같다.
조립식 우드데크는 쉽게 설치하거나 분리할 수 있다.
재시공도 할 수 있어 이사할 때마다 분리하여 가지고 다니기 좋다.
필요할 때마다 언제든 추가할 수 있다는 것도 장점이다.

우드데크 시공하기

1 원하는 우드데크를 주문한다. 시공하기 전, 베란다 바닥을 깨끗하게 청소한다.

2 우드데크를 뒤집으면 그물망 구조의 플라스틱 연결 패드가 있다. 양옆의 홈에 맞춰 하나씩 끼워준다.

3 손으로 잘 끼워지지 않을 때는 고무망치나 발로 톡톡 두드리면 꼭 맞게 들어간다.

4 사이즈가 맞지 않을 경우 가위나 톱으로 잘라 재단한 뒤 끼워 맞춘다.

우드데크 **다우스토어, 아리아퍼니쳐**

Kids room

아이 방_ 담이의 다락방

낮에도
꿈을 꾸는 공간이기를

벽조차 즐거웠으면 좋겠어

담이의 방은 작다. 그래서 여러 이야기를 품은 단편 동화책 같은 공간을 만들기에 좋다. 방 전체를 바닐라 컬러로 페인트칠을 하고 한쪽 벽엔 자석이 붙는 핑크색 집을, 다른 한쪽엔 만화 같은 분위기의 재미있는 공간을 만들기로 했다.

마음껏 좋아하는 일을 하고, 마음껏 어질러도 괜찮은 곳.
담이 스스로 위안 받고, 안심할 수 있는 곳이 담이의 방이었으면 좋겠다. 밤에는 예쁜 꿈을 꾸고, 낮에는 멋진 꿈이 자랄 수 있도록 말이다.

'아이의 방을 가꾼다는 것'에 대한 고민이 시작됐다. 안전하고 실용적이며 아이에게 기분 좋은 에너지를 줄 수 있는 것은 무엇일까. 물건 하나하나가 아이의 안목이 될 거라고 생각하니 아이가 어리다고, 물건이 저렴하다고 아무거나 들일 순 없는 노릇이었다. 단순히 아름다운 것보다는 이야기가 있는 물건들이 좋겠다. 아이와 많은 이야기를 나눌 수 있도록 말이다. 그래서 첫 시작은 페인트칠이었다.

자석 페인팅 + 분할 페인팅

벽은 아이의 사진과 가족사진은 물론 자석이 달린 글자나 숫자를 붙이기에 적당하다.
자석 칠판보다 자석 페인트는 자성이 약한 편이지만 사진을 붙이고, 글자 마그넷으로 벽에 가득 채우는 정도는 가능하다.

1 페인팅하려는 벽의 몰딩에 마스킹 테이프를 꼭꼭 눌러 붙인다. 그래야 테이프가 뜨는 일이 생기지 않고, 페인팅이 테이프 사이로 스며들지 않는다. 바닥에는 비닐 폭이 넓은 커버링 테이프를 붙인다.
2 A4용지를 대각선으로 반 접어 벽에 댄다. 가장자리를 따라서 연필로 가볍게 그어 지붕 모양을 그린다. 밑그림을 따라 마스킹 테이프를 붙이고 벽 아랫부분까지 길게 이어붙여 집 모양을 만든다. 마스킹 테이프는 꼼꼼하게 눌러 최대한 벽에 밀착시켜야 페인트의 경계선이 번지지 않는다.
3 자석 페인트(철 분말이 들어 있어 자석이 붙는 페인트)를 준비한다. 충분히 흔들어준 뒤 뚜껑을 연다. 이때 뚜껑에 붙어 있는 입자들까지 남김없이 긁어 페인트와 골고루 섞어야 자성이 강해진다.
4 자석 페인트로 벽면을 칠한다. 모서리와 좁은 틈은 붓으로 칠하고, 넓은 면적은 롤러로 칠한다. 바르고 말리기를 총 3회 반복한다. 자석 페인트를 말렸다가 다시 바를 때는 반드시 사포로 표면을 문지른 뒤 바른다. 자석 페인트는 일반 페인트보다 다소 거친 느낌이 있기 때문에 매끄러운 마감을 갖기 위해서는 고운 사포로 표면을 문질러 매끄럽게 만들어야 한다.
5 자석을 붙여 제대로 붙는지 확인한 뒤 기존의 벽면과 같은 색의 페인트를 2회 칠한다.
6 페인트가 마르기 전에 집 모양으로 붙인 마스킹 테이프를 떼어낸다. 자석 페인트를 칠한 주변을 핑크색으로 페인팅할 예정이므로 콘센트가 있다면 커버를 벗긴 뒤 커버링 테이프로 가린다.
7 자석 페인트가 완전히 마르면 새로운 마스킹 테이프를 집 모양 안쪽으로 들어오게 붙인다. 핑크색으로 페인팅할 범위를 생각한 뒤 마스킹 테이프로 가이드라인을 잡아 붙인다.
8 핑크색 페인트로 벽면을 칠한다. 벽 모서리, 콘센트 근처, 마스킹 테이프 근처는 붓으로 칠하고, 넓은 면은 롤러로 칠한다. 바르고 말리기를 총 2회 반복한다.
9 마지막 페인팅이 마르기 전에 마스킹 테이프와 커버링 테이프를 떼어낸다. 콘센트 커버를 다시 씌운다. 더 정돈되고 밝은 느낌을 살리고 싶다면 바닥 몰딩을 화이트 컬러 몰딩용 필름지로 감싼다.

마그네톤 자석 페인트 **홈앤톤즈**

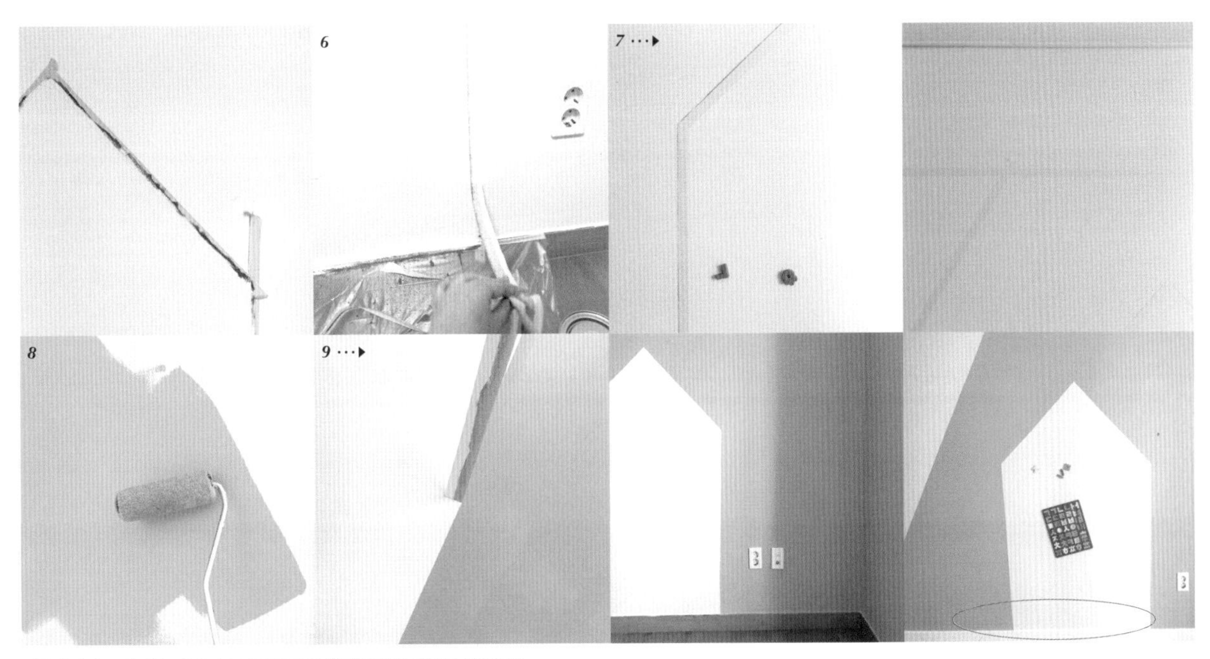

더클래시 슈프리마(SH S 0540-Y80R) 피오나 피치 컬러 페인트 **홈앤톤즈**

벽에 활력을 더하다

벽을 칠하고 남은 핑크색 페인트로 네모난 선반을 칠했다. 바르고 말리기를 2번 반복한 뒤 벽에 부착했더니 선반도 벽과 연속성이 생겼다. 선반은 핑크색 창문 같다. 작지만 아기자기한 소품, 사진, 빗, 장난감 등을 올리기 좋은 공간이다. 훅은 기능성 외에 장식성도 갖는다. 어떤 크기, 색감, 디자인을 갖고 있느냐에 따라 분위기가 달라진다. 담이 방에는 풍선 모양의 훅을 달았다. 지붕 곁을 둥둥 떠다니는 모습이 꽤 사랑스럽다. 조명, 가방, 모자, 스카프 등을 걸 수 있지만, 아무것도 걸지 않아도 그 자체로 멋진 인테리어가 된다.

훅 **크레디스**, 조명 **라디룸**

M

동화책을 닮은 방

사이트에서 우연히 한 장의 사진을 보았다. 핑크색 바탕에 흰색 웨인스코팅 패턴이 그려진 벽. 2D 만화 특유의 감성과 위트 있는 벽면이 담이에게 잘 어울릴 거라고 확신했다. 방법을 몰라 몇 날 며칠을 구상하던 중 라인 테이프가 떠올랐다. 겁도 없이 바로 시공에 들어갔다.

자세히 보면 삐뚤빼뚤한 부분도 눈에 들어오지만 오히려 완벽하지 않은 어설픔이 수공의 묘미를 높인다. 심플함 대신 리듬감이 살아 있는 벽이다. 한 땀 한 땀 엄마의 손길이 담긴 벽이다. 아이는 엄마의 마음을 조금은 아는 듯했다. 설렘 가득한 눈으로 바라봐주고, 예뻐해 주었다. 조금이라도 테이프가 떨어진 부분을 발견하면 바로 달려와 알려준다. 대단한 것을 발견한 것처럼.

라인 테이프로 웨인스코팅 패턴 만들기

셀프 인테리어는 언제나 사이즈를 고민하고 도면을 작성하는 시점이 가장 힘들다. 이 작업 또한 마찬가지였다. 우선 벽면의 높이와 너비를 쟀다. 바닥에서부터 90cm를 기준으로 하여 위아래로 나누었다. 사각의 웨인스코팅 패턴을 몇 개 넣을지도 고민했다. 벽 하단에는 너비 54.5cm의 웨인스코팅 패턴을 4개 넣기로 하고, 패턴 사이는 약 10cm의 공간을 두기로 했다. 벽 상단은 패턴을 3개만 넣기로 했다. 즉 가운데는 넓게, 양쪽 끝은 하단과 맞추어 너비를 정했다.

1. 시공할 벽면의 높이와 너비를 잰다. 위아래를 어떻게 나눌지, 어느 정도 크기의 웨인스코팅 패턴을 만들지 도면을 작성한다.
2. 2mm, 4mm의 라인 테이프와 12mm의 마스킹 테이프를 준비한다. 도면을 참고하여 벽에 라인 테이프를 붙여야 할 위치를 찾아 연필로 살짝 표시한다. 먼저 4mm 라인 테이프를 ㄱ자 모양으로 붙인다. 모서리 부분은 곡선으로 표현해야 하므로 모서리를 기준으로 위, 아래 7cm 정도 여유를 두고 칼로 잘라낸다.
3. 4mm 라인 테이프를 조금 잘라 모서리 부분을 곡선이 되도록 붙인다. 한 손으로 라인 테이프를 잡고, 다른 한 손으로 곡선 모양을 잡으며 붙이면 쉽게 만들 수 있다.
4. 웨인스코팅 패턴을 입체적으로 표현하기 위해 4mm 라인 테이프로 만든 선 안쪽에 1cm의 사이를 두고 2mm 라인 테이프를 사용하여 같은 방법으로 붙인다. 라인 테이프를 직선으로 붙일 때 반드시 알아야 할 점이 있다. 라인 테이프는 조금씩 붙이는 것이 아니라 처음부터 끝까지 한 번에 붙여야 곧다. 벽에 연필로 시작점과 끝점을 표시한 뒤 시작점에 라인 테이프를 튼튼하게 붙이고 최대한 팽팽하게 당겨 끝점까지 주저하지 말고 한 번에 붙인다.
5. 웨인스코팅 패턴이 완성되면 라인 테이프의 끝부분에 풀칠을 해 단단히 고정시킨다. 테이프가 가늘수록 시간이 지나면 끝부분이 떨어지기 쉽다.
6. 허리 몰딩을 표현하기 위해 12mm 마스킹 테이프를 상단과 하단의 중간 지점에 가로로 길게 붙인다. 입체감을 주기 위해 12mm 마스킹 테이프로 만든 선 아래쪽에 3cm의 사이를 두고 4mm 라인 테이프를 가로로 길게 붙인다.
7. 같은 방법으로 웨인스코팅 패턴을 만들어 벽면을 채운다.

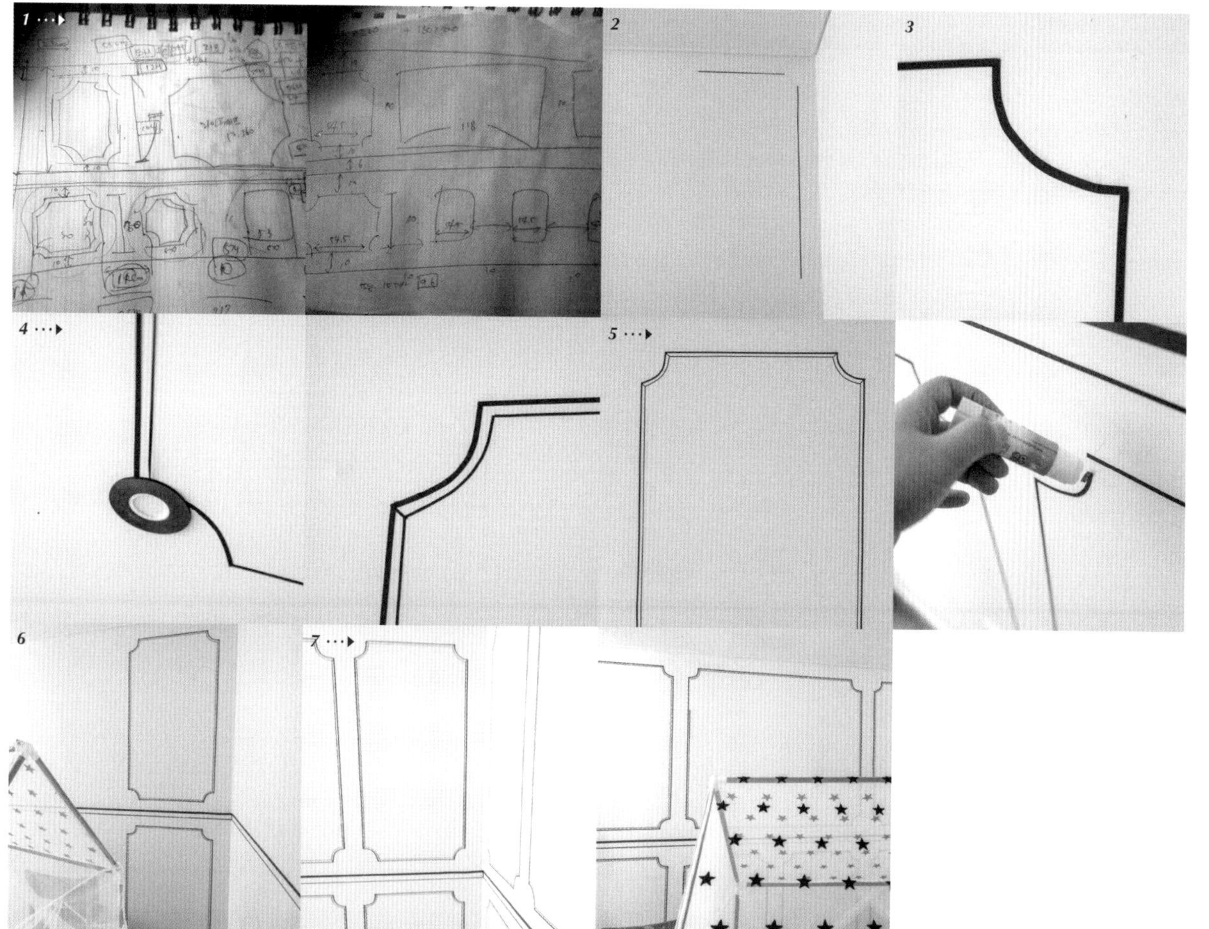

Kids room

start
stop

베란다를 다락방 같은 공간으로

아이의 방은 침대와 옷장, 행거로 가득 찼다. 주방놀이, 화장대, 장난감은 아이의 방을 떠나 어디론가 떠돌아야 할 운명이었다. 그때 베란다가 눈에 들어왔다.
고맙게도 베란다는 넉넉해서 작은 책장, 싱크대, 장난감 수납함과 철 지난 옷까지 품어주었다. 방에서 놀다가 그대로 맨발로 나갈 수 있도록 바닥재를 우드데크로 바꾸고 커튼을 달았다. 아이는 커튼을 정말 좋아했다. 일부러 커튼을 닫아두었다가 친구들이 오면 커튼을 열어 깜짝 놀래키곤 즐거워 했으니까. 때때로 커튼은 숨겨진 다락방으로 통하는 비밀의 문 같았다.
빈 벽이 아까워 키재기 스티커를 붙였다. 아이가 좋아하는 노란 기린. 얼마나 컸는지 잴라치면 어찌나 움직여대는지 벽에 새겨진 아이의 키는 들쭉날쭉하다. 지난달보다 작은 날도, 갑자기 몇 센티나 큰 날도 있다.

싱크대 장난감 **에이치비카펜트리**
키재기 스티커 **칼라소**

장난감 천국 혹은 지옥,
그 한 끗 차이

아이는 레고, 콩지래빗, 바비인형 같은 장난감으로
작지만 황홀한 세상을 만든다. 문제는 그다음부터다.
관심이 식고 방치된 인형들은 장난감 지옥을 만들곤 한다.
"담아, 이것 좀 치워줄래!"
담이는 아주 잘 치우지는 못하더라도 제자리 근처에는
둘 수 있을 것 같은데 하지 못했다. 문득 아이가 엄마의 정리 방법을
아예 이해하지 못하는 건 아닐까 하는 생각이 들었다.
생각해보니 그동안 내 마음대로 아이에게 장난감 자리를
정해주고 있었다. 장난감 지옥과 천국을 만드는 그 한 끗 차이는
이따금 아이에게 물건의 자리를 정해줄 기회를 주는 것이다.
비록 아이의 정리 방법이 엄마의 마음에 들지 않더라도.

장난감 수레 **란가구**

물건을 모으는 기특한 수레

집안 곳곳에 퍼진 아이의 물건을 담을 예쁜 무언가가 필요하다. 갖고 다니기 편하고 아이가 좋아할 만한 디자인이면 더 좋다. 담이에겐 장난감 수레가 바로 그런 존재다. 부드러운 바퀴가 달려 있어 층간 소음이 거의 없고 크고 작은 아이의 장난감을 한데 쓸어 담을 수 있다. 다행히 모든 방에 문턱이 없어서 이방 저방 끌고 다니며 수레에 던져놓기 좋다. 아이가 수레를 끌고 다니는 걸 즐거워하니 일석이조다.

Kids room

글을 모른다면 사진으로

장난감 수납함 바깥에 장난감 이름을 각각 써 붙였다. '음식', '역할놀이', '원목교구'처럼. 하지만 담이는 제대로 넣질 못했다. 글을 모르기 때문이다.

어느 날 담이의 어린이집에서 정리의 답을 찾았다. 수납장 칸마다 작은 사진이 붙어 있었다. 각각의 칸에 어떤 물건들이 들어 있었는지 시각적으로 명확히 보여주고 있었다. 장난감을 모두 꺼내 아이와 함께 정리하기 시작했다.

어느 바구니에 무엇을 담을지 아이와 이야기하며 정리한 뒤 사진을 찍었다. 찍은 사진은 바로 인화해 바구니에 붙였다. 그 덕분에 오늘도 담이는 퍼즐 맞추기를 하듯 즐겁게 장난감을 정리한다. 가끔 사진이 분실되거나 찢어지면 쪼르르 달려와 새로 찍어달라고 하는 담이. 진작 이렇게 할걸.

레고, 인형 옷, 미용 장난감, 주방놀이 등 장난감을 큼직하게 분류해 담는다. 너무 세세하게 분류하면 아이가 정리할 때 스트레스를 받을 수 있다.

작은 장난감을 담을 수 있는 이 수납함은 층층이 쌓아 올린 뒤 뚜껑을 닫을 수 있지만, 그렇게 추천하고 싶은 제품은 아니다. 인터넷 검색창에 '레고 보관함'을 검색하면 나오는 제품인데 마감이 엉성하고 내구성 있는 소재가 아니다.

빙글빙글 돌리며 책을 찾는 재미

수많은 책 중 아이가 즐겨보는 시리즈의 책은 회전 책장 안에 차곡차곡 정리한다. 좁은 공간에서도 많은 책을 수납할 수 있다는 것이 장점이다. 나머지 책은 다른 방에 있는데, 한 번씩 책의 위치를 바꿔주면 아이는 새 책을 산 것 같은 표정으로 새로운 흥미를 보인다. 예쁜 그림이 있거나 특히 좋아하는 책은 책장 전면에 놓아둔다. 책 표지만 보고도 얼른 집어 든다.

캐노피 **누메로74**
핑크색 자동차 **베케라**

Finally pink

확고한 취향이 있는 담이는 벽돌색 체크 무늬의
어린이집 체육복을 입은 뒤 하늘거리는 하얀색 스카프를
두르고, 티아라 모양의 머리띠를 쓰고, 레이스 양말에
핑크색 반짝이 구두를 신는다. 아이가 생각하는
예쁨의 기준은 좀처럼 이해하기 힘들지만, 레이스가 있거나
반짝이가 달렸거나 핑크색이라면 99% 예쁘다고 한다.
그리하여 결국 담이의 방은 핑크색이 되었다.
아이 방에 무엇을 들일 때는 꼭 아이의 의견을 물어보게
되었다. 엄마, 아빠 마음대로 구입한 옷에 팔조차
넣기를 거부하는 담이를 보며 이제 마음대로
아이의 물건을 들일 수 있는 시기는 끝났다는 걸 알았다.

공주 침대의 정석

하루에도 수십 번씩 침대 위를 오르내리는 아이를 위해 높이가 낮고 견고한 원목 침대를 들였다. 담이처럼 핑크색 토끼 인형, 빨간색 리본 베개, 하얀색 구름 이불 등 날마다 좋아하는 것을 침대 위로 잔뜩 끌어놓는 아이라면 아기침대보다 성인용 싱글이나 슈퍼싱글 크기의 침대를 선택하는 게 좋다.

직구한 캐노피는 아이와 함께 찾은 제품. 브랜드 누메로74의 캐노피는 국내에서도 살 수 있지만, 별이 달린 모델은 'Smallable'에서만 구입할 수 있다. 아이는 진한 핑크를 골랐지만, 방안 전체 분위기를 고려해 파우더 핑크로 주문했다. 좋아, 자연스러웠어!

원목 침대 **아임키트**
파인 리틀데이 토마토 포스터 **센토키즈**
액자 **이케아**
폼폼 가랜드, 빨간 리본 쿠션, 화이트 차렵이불 **코지코튼**

반짝반짝 오브제

벽에 걸린 드레스는 담이가 돌 즈음 촬영을 하려고 구입했던 옷이다. 막상 제품을 받아보니 살이 연약한 아이에게 입힐 수 없을 정도로 까끌까끌했다. 그대로 상자에 넣어두었다. 몇 년쯤 지나 입지 못하는 옷을 정리하다가 회색 드레스가 눈에 들어왔다. 비록 아이가 입지 못할 만큼 작아졌지만 벽에 걸리게 되었다. 아이가 입지 못한 드레스가 오브제가 되었다.

Study & Workroom

작은방_ 서재 겸 작은 스튜디오

Merci

서재,
오래된 로망

책과 책장에서 바라는 것

나에게도 책장이 있었다. 4개였다. 모두 다른 브랜드, 다른 색깔, 다른 높이와 너비를 지녀서 작은방에 나란히 세워두면 퍽 우스꽝스러워 보였다. 책장별로 작가를 달리 꽂아두거나, 색을 기준으로 놓아두거나, 자주 읽는 책과 자주 읽지 않는 책 또는 읽어야 할 책과 읽은 책으로 정돈을 했다. 책을 자주 읽던 때에도, 그렇지 못할 때에도 책 정리는 정말 신나는 일이었다. 지적 허영심을 책을 소유하는 것과 책을 정리하는 것으로 채우곤 했다.
이사를 하면서 큰맘 먹고 책장을 버렸다. 책도 많이 버렸다. 먼지 쌓인 책, 변색된 책, 고리타분한 책 등. 작은방을 두고 고민을 했다. 책에 파묻힐 수 있는 공간이 필요했다. 책에 바라는 건 딱 하나다. 읽고 싶은 책일 것. 책장에 바라는 건 좀 많다. 책 무더기를 품은 모습은 보기만 해도 가슴이 뛰었으면 좋겠고, 한 권 한 권의 책을 주인공으로 만들어주었으면 좋겠고, 멀리에서 보아도 책장이 아니라 책이 먼저 눈에 들어왔으면 좋겠다. 있는 듯 없는 듯 오로지 책을 위한 책장이 필요했다. 나에게 딱 맞는 책장을 만들어야 했다.

나무 목재로 책장 만들기

오랜 로망이었던 벽돌 책장을 만들어볼까? 그러다 문득 재미있는 생각이 들었다. 책이 프레임이 된다면 어떨까?
기성품으로 나온 책장은 높이와 폭이 늘 아쉬웠다. 칸마다 높이가 높아 낭비되는 공간이 많았다.
하지만 직접 만드는 책장의 장점은 여기에 있다. 딱 필요한 만큼의 높이로 만들 수 있다는 것.

1 만들려는 책장의 크기를 고려해 목재를 구입한다. 나의 경우 굵기 24T, 크기 1200X280mm의 홍송 목재를 8장 구입했다.
2 티크 색상인 수성 스테인으로 목재에 색을 먹인다. 수성 스테인은 원목에 색을 입히는 역할을 한다. 페인트와 다른 점은 목재의 나뭇결은 그대로 살리면서 색상만 목재에 침투하는 특성을 가지고 있다. 그뿐만 아니라 방부, 방충, 방수 효과도 볼 수 있다. 대개 마지막에 코팅 작업을 하는데, 책이 들러붙을 수 있으므로 생략한다.
3 책장을 만들 자리를 생각한 뒤 단단하고 큰 사이즈의 하드커버 책을 골라 바닥에 쌓는다.
4 책 위에 목재를 얹어야 하므로 목재의 길이를 고려해 양쪽에 책을 쌓는다. 책 위에 목재를 올린 뒤 수평이 맞는지 확인한다. 한쪽으로 기울어져 있다면 책을 넣고 빼며 수평을 맞춘다.
5 같은 방법으로 목재의 양쪽 끝에 책을 쌓아 기둥을 만든 뒤 목재를 올린다. 이때 어떤 칸에 어떤 책을 수납할 것인지에 따라 높이를 조금씩 달리한다.
6 원하는 높이까지 책을 쌓아 책장을 만든다.

tip. 책장이 완성되고 더 이상 책장을 이동할 계획이 없다면 안전을 위해 원목 선반은 벽에 고정하는 걸 추천해요. 벽 고정 철물이나 꺾쇠 등으로 선반을 보강하면 책장을 더 안전하게 사용할 수 있어요.

목재 **THE DIY**
수성 스테인 **본덱스코리아**

서재만이 주는 작지만 확실한 행복

어렸을 때부터 나는 층고가 몇 미터쯤 되는 우아한 서재를 갖는 게 꿈이었다. 낡은 사다리를 오르내리며 무슨 책을 읽을까 고르는 모습을 상상하곤 했다. 그러면 나는 숨 막힐 정도로 행복해진다. 모습은 다르지만 드디어 나에게 서재가 생겼다.

서재에는 우리 집에서 가장 푹신하고 아늑한 윙체어를 가져다 두었다. 풋스툴이 있어서 발을 편히 올리고 머리를 완전히 기대 눕듯이 앉아 책을 보기 좋다. 수납 벤치도 한자리를 차지한다. 무언가를 올릴 수 있는 딱딱하고 안전한 공간이 있어 커피 한잔, 차 한잔, 맥주 한잔 홀짝이면서 책을 읽기에 좋다.

그러나 내가 가장 사랑하는 곳은 따로 있다. 베란다를 확장하면서 생긴 작은 공간. 밖에서 보면 안으로 쏙 들어가 보이지 않는다. 덩치 큰 내가 겨우 다리를 접고 앉으면 아주 꽉 차지만, 숨어서 책을 읽기에 좋다.

서재에는 내가 행복하다고 여기는 순간들이 많다. 블라인드 사이로 햇살이 들어올 때가 그렇다.

밤의 서재를 행복하게 만드는 빛. 오늘은 달덩이 같은 조명을 벗 삼아 책을 읽어볼까.

윙체어 **이케아**
수납 벤치 **오투가구**
쿠션 **코지코튼**
테이블 조명 **라디룸**
원형 조명 **이케아**

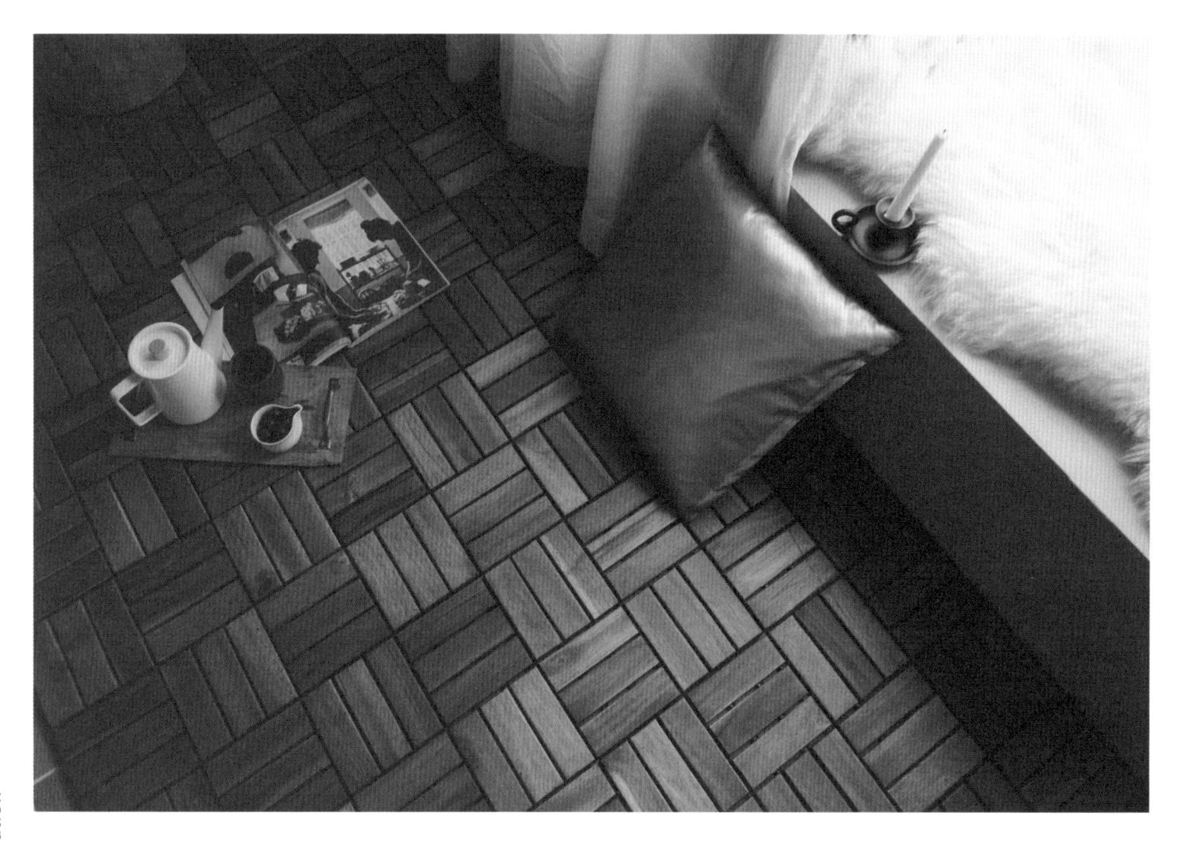

섹션을 나누니 스튜디오가 되다

나의 하루는 이렇다. 살림을 하고 육아를 한다. 그리고
나의 일, 인테리어를 하고 사진을 찍고 글을 쓴다.
언젠가부터 전문적인 일을 하는 사람처럼
'작. 업. 실'이 갖고 싶었다. 작업실이 없다는 게 전문성으로
연결되는 것은 아니지만, 옷매무새를 단정히 하고
출근할 수 있는 공간이 있으면 내 일을 조금 더
사랑할 수 있을 것 같았다. 무엇을 하는 사람이냐에 따라
작업실은 다양한 모습일 것이다. 내 작업실에는 노트북을 펼쳐
놓을 작은 책상과 사진을 찍을 수 있는 공간만 있으면 충분하다.
우리 집의 모든 방은 이미 임자가 있었다. 작은방조차
옷방이며 책을 두는 서재였다. 베란다엔 짐이 쌓여 있었다.
스튜디오는 갖고 싶었지만 방은 없었다. 어쩔 수 없었다.
작은방에 섹션을 나눌 수밖에.

먼저 작은방 베란다를 비웠다. 그레이 컬러로 페인팅을
하고 나니 묵직한 회색 벽이 마음에 든다.
맨발로 다닐 수 있도록 우드데크로 바닥을 깔고,
큰 창엔 하얀 커튼을 달았다. 테이블도 두었다.
그 밖에 나의 아주 작은 스튜디오에는 반사판 하나,
잘 쓰지 않는 조명 두 개, 스피드라이트 하나, 배경으로
사용하는 커다란 MDF판 여러 개,
PVC 배경 촬영지 여러 장, 삼각대가 있다.
작은방, 그보다 더 작은 스튜디오.
그곳에서 사진 촬영을 한 뒤엔 테이블에 앉아 만든 음식을
먹거나 글을 쓰거나 촬영 결과물을 확인하고 보정 작업을
한다. 그렇게 월세 부담 없는 작업실 하나가 생겼다.
꿈만 같다.

Bedroom

침실_ 결국, 쉼

하루의 시작과 끝

침실에서 하루를 시작하고, 하루를 끝낸다.
그것만으로도 침실은 특별한 곳이다.
'에라 모르겠다. 내일 하지 뭐.'
밤을 적당히 핑계 삼아 오늘의 일을 내일로 미룬다.
다행이다. 적어도 밤을 훌렁 넘어갈 수 있는
평온한 침실이 있다는 것이.
어젯밤 끈적거리던 베갯잇과 이불패드, 이불커버를
교체했다. 세탁기에서 건조기로, 건조기에서 다시
침실로 거처를 옮긴 이불과 베갯잇은 적당히 보드랍고
적당히 가슬가슬하다. 바스락거리는 소리와
기분 좋게 살갗을 간질이는 느낌이 좋아서 이유 없이
팔과 다리를 비비다 잠이 든다. 늘 그렇듯 침실은
나를 포근하게 안고 쓰담쓰담해주는 공간이다.

침실 스타일링,
시작부터 끝까지 편안함

침실은 나를 위한 공간이다.
가장 편안한 차림새를 하고 가장 편안한 자세로 뒹굴 수 있어야 한다.
편히 머물며 고단함을 풀 수 있으면 그걸로 족하다.
침실에는 꼭 필요한 물건이나 정말 좋아하는 물건만 채운다.
매일같이 물건을 고요하게 비우고 좋아하는 것들로 채우며
삶의 잡동사니들도 정돈하고 내려놓는다.
그래야 이 공간에서 진정한 쉼을 얻을 수 있다.

침대 **우디크**, 오트밀 컬러 리넨 침구 세트 **코지코튼**

침구

내가 좋아하는 침구는 오트밀 컬러의 리넨 침구 세트와 화이트 컬러의 차렵이불이다. 가끔은 짙은 차콜 컬러나 핑크 컬러의 이불을 꺼내기도 하지만, 내추럴하고 심플한 느낌의 이불이 좋다. 호텔 침대처럼 시각적으로 편안하며 아무 때나 뛰어들고 싶은 침대가 된다.

살갗이 예민한 편이라면 먼지가 적고 위생적인 피그먼트 워싱면 이불을 추천한다. 나는 여름엔 살에 달라붙지 않는 인견이나 리넨 소재의 홑겹이불을 꺼내고, 봄가을엔 보드랍고 오동통한 차렵이불을 꺼낸다. 겨울엔 수더분한 이불커버 안에 가볍고 푸근한 구스 속통을 채운다.

이불을 늘 폭신폭신하게 관리하는 나만의 비법이 있다. 아침에 일어나자마자 이불을 정리하지 않는 것이다. 1시간 정도 그대로 두었다가 이불을 정돈한다. 그래야 잠을 자는 동안 몸에서 배출된 땀으로 인해 눅눅해진 패드와 이불의 습기가 제거된다. 침구는 일주일에 한 번 정도 햇볕에 널어 말리거나 건조기에 넣어 침구 털기 코스로 관리한다.

그레이 컬러 이불 **JAJU**
핑크 컬러 이불커버 **데코뷰**

조명

밤은 적당히 어두워야 한다. 지나치게 밝은 빛은 오히려 공해에 가깝다. 깊은 잠을 이루어야하는 침실에서는 더더욱 그렇다. 언젠가부터 집에 있는 스탠드 조명, 무드등, 벽등을 침실에 가져다 놓기 시작했다. 조명을 켜는 순간 우리의 공간을 더욱 아늑하게 만들어줄 빛이 잔잔히 드리운다.

협탁

자기 전까지 놓지 못하는 스마트폰, 책 여러 권, 작은 조명 하나, 물 한 잔 정도를 놓을 협탁은 꼭 필요하다. 침대에 누워서 팔을 뻗어도 불편하지 않을 만큼 나지막하고 적당히 작은 것으로. 조명을 올려도 떨어질까 걱정하지 않으려면 원형보다는 사각형이 낫다. 서랍도 있으면 좋다. 서랍에 스마트폰 충전기와 보조배터리를 쓸어 넣고 닫으면 감쪽같이 깔끔해진다. 그렇게 침대 곁에 아담한 친구 하나가 생겼다.

흰색 플로어 조명, 금색 벽등, 테이블 조명 **라디룸**
협탁 **매스티지데코**

커튼

침실엔 언제나 커튼이 달려 있다. 사실 없어도 그만, 있어도 그만인 커튼이지만 색감과 패턴을 달리 걸기만 해도 침실 분위기가 휙휙 바뀐다. 한동안 체크 무늬 커튼의 친근함에 빠졌다가 다시 화이트로 돌아왔다. 하얀 레이스 커튼도 추가하니 단조로움은 가시고 풍성함이 더해졌다.

러그

러그가 주는 아늑함, 따스함이 좋다. 그 어떤 소품보다도 침실을 휘겔리(Hyggelig)한 공간으로 만들어준다. 그래서 러그는 절대 포기할 수 없다.
나는 늘 아늑하고 구석진 공간을 만든다. 그 조그마한 공간에 러그까지 깔면 은신처 같은 느낌이 물씬 풍긴다. 어느 날 작은 러그 하나를 발견했다. 페르시안 카펫 느낌을 지녔는데, 좁은 폭과 적당한 길이가 퍽 마음에 들었다. 침실에 들이자 숨기 좋은 아지트가 되었다.

화이트 2겹 주름 속커튼, 레이스 커튼 **코지코튼**
발뷔루타 러그 **이케아**
페르시안 무늬 쿠션 **코지코튼**

수납가구

늘 수납이 걱정거리다. 침실도 마찬가지. 고르고 골라 손잡이 하나 없는 백색 수납장을 샀다. 간결한 디자인에 세련됨을 갖췄다. 지금까지 만족스럽게 사용하는 가구 중 하나다. 침실을 채우고 있는 다른 가구 하나는 소박한 느낌의 오크사이드보드장이다. 자연스러움이 매력적이다. 수납력이 꽤 좋아서 속옷과 티셔츠, 자질구레한 소품들을 잔뜩 넣고 문을 닫아버리면 그 즉시 정적인 침실이 된다.

흰색 수납장 **이케아**
오크사이드보드장 **데코룸**

Housekeeping 4

느는 살림, 수납과 청소

Storage

비움과 채움_ 수납

물건을
바닥에 내려놓지 않는 습관

모든 것은 습관의 문제였다.
사용한 즉시 제자리에 두는 습관. 바닥에 내려놓지 않는 습관.
엄마가 매일 귀 따갑게 잔소리하던
"제발 쓰고 나면 제자리에 넣어"라는 말이
엄마, 아내가 되고 나니 드디어 와닿았다.
지금도 순간의 편안함에 매혹될 때가 많다.
'잠시 후에 또 사용할 건데'라는 생각이 머릿속을 지배한다.
바쁘다는 좋은 핑계로 보이는 곳에 잠깐 내려놓는다.
임시로 내려놓은 물건은 무성하게 자란다.
그때부터 물건을 찾기 위해 아까운 시간을 보낸다.
진짜 비효율은 바로 그런 게 아닐까.
가족과 함께 보낼 수 있는 짧은 시간을
내일이면 생각도 나지 않을 물건을 찾는 데 허비한다는 것.

사실 나는 너저분함에 관대한 편이다.
'모든 물건이 제자리에 있어야 한다'라는 압박감에
집에서도 긴장을 놓지 않은 채 지내고 싶지는 않다.
오늘도 식탁 위는 잔뜩 어질러져 있다가 늦은 저녁이 되어서야
겨우 치워졌다. 다만 바닥만큼은 아무것도 두지 않으려 노력한다.
그 외의 것은 낮엔 너그러이 참았다가 아이가 잠든 조용한 밤에
물건을 제자리에 놓으면 되니까.
정리하고 싶은데 어디에서부터 손을 대야 할지 모르겠다면
우선 커다란 바구니를 들고 다니며 바닥을 비우는 것부터 시작하자.
시선과 마음을 산만하게 하는 요소가 사라질 것이다.

버릴 수 있는 용기

"이거 정말 다 버릴 거야?"
"응. 다 버릴 거야."
나는 애써 담담한 척했다.
버리는 건 큰 용기가 필요한 일이었다.
그저 재미로, 저렴해서, 대체용으로, 임시용으로
가볍게 구입할 땐 예상하지 못했던 일이었다.
버릴까 말까 하는 고민을 질질 끌다 결국 물건을 버렸다.
홀가분하기는커녕 피로감만 남았다.

익숙함에 버리지 못한 물건들, 어설픈 추억이 서려 있는 물건들,
내일 필요할지 모른다며 10년이나 갖고 있던 물건들까지
내가 짊어진 것을 보았다. 상당 부분은 '미련'에 붙잡힌 것들이었다.
비우는 과정은 결코 쉽지 않았다.
버리기도 연습이 필요하다는 것을 깨달았다. 그렇다고
무조건 다 쓸어버리라는 것은 아니다. 기준이 필요하다.
버려서 후련한 것도 있지만, 때론 버리지 않아야
위안이 되는 것들이 있으니까. 앉으면 삐걱대는 낡은 의자, 아이도
설명할 때마다 무엇을 그렸는지 헷갈리는 그림, 누렇고 구깃거리는 광목천,
금이 가서 아무것도 담지 못하는 독특한 모양의
유리잔이 그것이다. 쓸모로 모든 물건의 존재와 가치를
설명할 수는 없다. 단순한 삶과는 이율배반적일지 모르지만,
나는 비움과 동시에 그런 것들을 찾아내 다시 채웠다.
버리면서 얻게 된 마음의 소유다.

꼭꼭 숨어라 머리카락 보일라,
수납의 묘미

보이는 수납은 좋아하는 것으로 과감하게,
보여지는 수납은 단정하게,
숨기는 수납은 효율적으로 찾기 쉽게.

공간마다 옮겨 다니며 모든 서랍을 열어봤다.
어떤 서랍은 텅텅 비어 있고, 어떤 서랍은 꽉 차서 넘칠 듯하다.
서로 어울리지 않는 것들이 서랍 안에서 모임을 갖는 곳도 있다.
대체 왜 휴대용 포토 프린터와 청소도구가 같은 서랍에 있게 되었을까.
텅 빈 서랍, 가득 찬 서랍, 뒤섞인 서랍이 많다면
지금이 바로 새로운 자리를 정해주어야 하는 적기다.
나는 정리할 때 가장 먼저 비슷한 것끼리 그룹핑을 한다.
그것은 용도, 브랜드, 디자인, 색깔, 소재, 크기 등
무엇이든 될 수 있다. 주방도구는 주방도구끼리,
청소에 필요한 용품들은 청소용품끼리,
위생용품은 위생용품끼리, 비축분은 비축분끼리.
나는 정리하는 행위 자체를 즐기지 않아서
세세하게 분류하지 않는다.
크게 묶어 그 안에만 들어가 있으면 된다.

같은 성격을 지닌 물건은 되도록 한 공간 안에 둔다.
가방은 모아서 침실 옷장에,
설명서와 개런티 카드는 모아서 작은방 서랍에 넣는다.
침실에서 사용하는 물건은 모두 침실에,
거실에서 자주 사용하는 물건은 모두 거실에 두는 식이다.
다만 주방, 침실, 거실에서 모두 사용하는 물건이 있다면
산재해두지 않고 한 공간으로 몰아두는 게 편하다.
필요한 물건이 생겼을 때 한 서랍만 열어 확인하면 된다.
열에 아홉은 그곳에 있다.

보이는 수납

수납의 종류는 크게 3가지로 나눌 수 있다. 보이는 수납과 보여지는 수납, 그리고 숨기는 수납.

우선 보이는 수납은 인테리어와 가장 크게 연관된 수납의 형태다. 거실장 위, 협탁 위, 선반 위, 벽면 앞 등 잘 보이는 곳에 좋아하는 것, 아끼는 것, 아름다운 것을 올려놓고 장식의 즐거움을 누린다.

좋아하는 것들을 하나둘 늘어놓다 보면 어수선해 보일 수 있다. 그럴 경우 소재나 색깔, 디자인에 제약을 두면 한결 낫다. 유리 소재의 소품만 올린다든지, 나무 소재의 물건만 올린다든지 하는 식이다. 소재를 통일하거나 색감 또는 디자인을 통일하면 가득 늘어놓아도 정돈되어 보인다. 여러 가지 물건을 수납하고 싶을 땐 트레이를 활용해보자. 자연스럽게 트레이 안과 밖이라는 경계가 생겨 트레이 안에 물건을 가득 채워도 정돈되어 보이는 효과가 있다. 종류가 다른 다양한 물건을 보이게 수납하고 싶다면 여백을 주는 것이 좋다. 완전히 비어있을 때보다 생활감이 느껴져 친근하고, 가득 채웠을 때보다 느슨함이 느껴져 안도감이 든다.

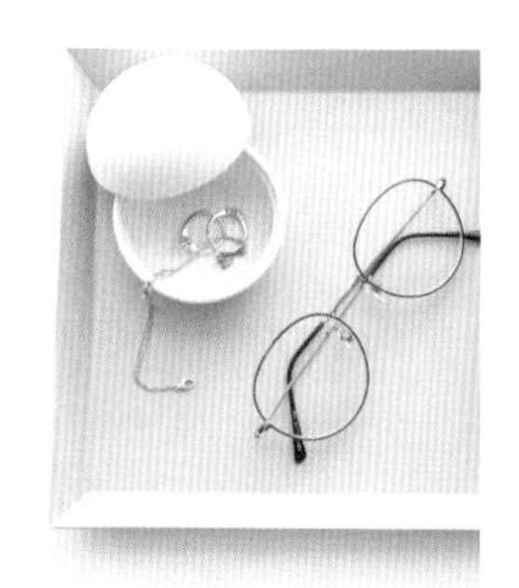

골드 트레이 **슬로우디자인**
핑크 트레이 **카페앳홈**

보여지는 수납

오픈장, 안이 비치는 수납장, 유리문이 달린 그릇장, 세탁기 위 세제 등이 보여지는 수납에 속한다. 숨기고 싶어도 어쩔 수 없이 보일 수밖에 없는 수납은 최대한 깔끔하게 정리한다. 보이는 수납처럼 내가 좋아하는 물건이 아닌 경우가 많기 때문에 알록달록 요란하게 드러내기보다는 용기를 통일하거나 색상, 디자인을 유사하게 묶어 여러 개를 함께 놓는다. 그러면 정돈되어 보이고 어수선해 보이지 않는다.
세탁실에 두는 세제는 용기를 통일한다. 헷갈릴 수 있으므로 라벨 스티커를 붙여 이름을 표기한 뒤 한 바구니에 모아두면 어수선함을 덜 수 있다. 돌아다니기 쉬운 리모컨은 한 곳에 모아 TV장 위에 올려둔다. 사용하지 않을 땐 트레이 안에 두면 깔끔하다. 화장품은 매일 사용하는 것만 올려두고 나머지는 모두 서랍에 넣어둔다. 이때에도 트레이를 이용하면 깔끔한 수납이 가능하다. 유리문으로 여닫는 그릇장은 보이는 수납이면서 보여지는 수납이다. 아끼고 좋아하는 그릇들을 추려 비슷한 색이나 용도로 나누어 여유 있게 수납한다. 꽉 채우지 않아야 공간이 답답해 보이지 않는다.

세제 소분 용기, 라벨 스티커 **살림가게**
아크릴 수납함 **JAJU**
반투명 트레이 **다이소**

BRING
GREEN

Housekeeping

숨기는 수납

보이지 않게 감추는 수납이다. 다용도 붙박이장, 옷장, 싱크대 하부장, 신발장 등의 공간에 하는 수납으로 목적은 깔끔하게 숨기되 찾기 쉽고 효율적으로 정리하는 것이다.
수납에 자신이 없을 때는 수납용품의 도움을 받으면 쉽게 정리할 수 있다. 수납용품을 구입할 때는 심플한 것, 공간에 딱 맞는 것, 차곡차곡 쌓거나 포개기 쉬운 것을 선택한다.
수납공간에 물건을 수납할 때도 물건을 담은 박스는 통일하는 것이 좋다. 디자인, 색깔, 크기가 같으면 심플하고 깔끔해 보인다. 많은 물건을 넣어야 할 경우 속이 비치지 않는 제품이 좋으며, 컬러가 있는 제품보다는 화이트나 그레이처럼 무채색의 제품이 더욱 정돈되어 보인다. 메모, 노트, 영수증, 공과금과 같은 각종 서류는 안이 잘 보이는 투명한 파일이나 클리어 홀더에 넣어 주제별로 분류한다.

반투명 수납함 **JAJU**

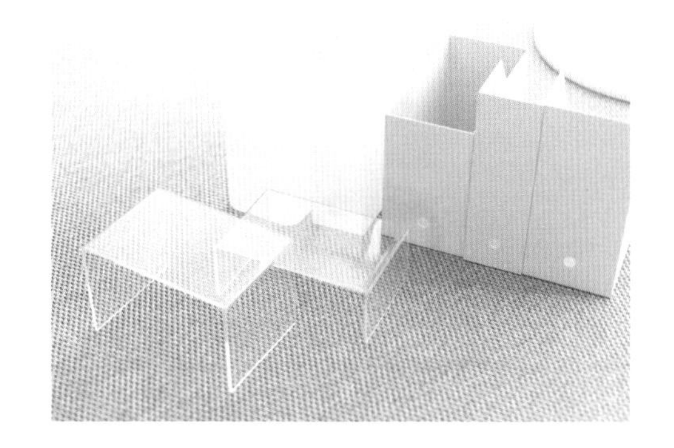

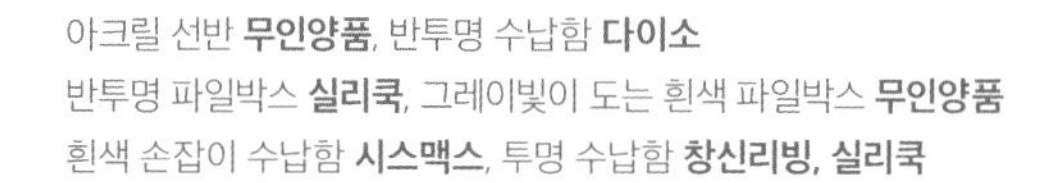

아크릴 선반 **무인양품**, 반투명 수납함 **다이소**
반투명 파일박스 **실리쿡**, 그레이빛이 도는 흰색 파일박스 **무인양품**
흰색 손잡이 수납함 **시스맥스**, 투명 수납함 **창신리빙, 실리쿡**

마법의
주방 수납법

부엌은 늘 단정했으면 좋겠어

부엌은 집안에서 가장 많은 물건이 모여 사는 공간이다. 작고 뾰족하고 날카롭고 딱딱하고 파손되기 쉬운, 위험한 물건들이 수두룩하다. 그래서 더욱더 꼼꼼한 정리가 필요하다.
주방 정돈에 앞서 가장 중요한 것은 나의 생활습관을 제대로 파악하고 그에 맞는 구획을 정하는 것이다. 나의 경우를 살펴볼까. 도마는 싱크대 위에 두는 것이 편하고, 헤프게 쓰는 키친타월은 보이는 곳에 걸어두지 않는다. 가스레인지 근처에 양념병과 오일병을 두면 상하지 않을까 늘 걱정됐다. 끈적이는 것도 싫었다. 그래서 요리할 때 외에는 싱크대 위에 오일이나 양념병을 절대 올려두지 않는다. 냄비 뚜껑을 냄비와 포개서 보관하면 냄비 뚜껑만 팽이처럼 뱅글뱅글 돌아다니기 일쑤다. 뚜껑은 따로 보관한다.
이제는 부엌이 엉망이면 마치 하루가 엉망인 것 같은 느낌이다. 적어도 부엌은 늘 단정했으면 좋겠다. 편안한데 예쁘기까지 하면 더 바랄 게 없다. 지루한 살림을 조금이나마 즐길 수 있을 테니.

싱크대 수납

싱크볼 옆에는 물 빠짐이 가능한 스테인리스 식기건조대가 있다. 그동안 다양한 식기건조대를 사용해봤는데, 늘 주방이 어수선해 보였다. 2단으로 된 플라스틱 식기건조대는 수납할 공간이 많다는 핑계로 지나치게 많은 그릇과 냄비를 얹어두곤 했다. 물때가 앉는 것도 골칫거리였다. 마침내 물 빠짐이 자연스럽고 디자인적으로도 눈에 거슬리지 않으며, 적당한 사이즈의 식기건조대를 찾았다. 평생 사용할 수 있으면 좋겠다.
자주 쓰는 조리도구, 미니 도마, 계량스푼, 계량컵, 솔 등은 주방 벽면에 걸어서 수납한다. 편하고 정리도 수월하다.

주방걸이 **이케아**
수저, 조리도구 수납함 **JAJU**
식기건조대 **라바제**

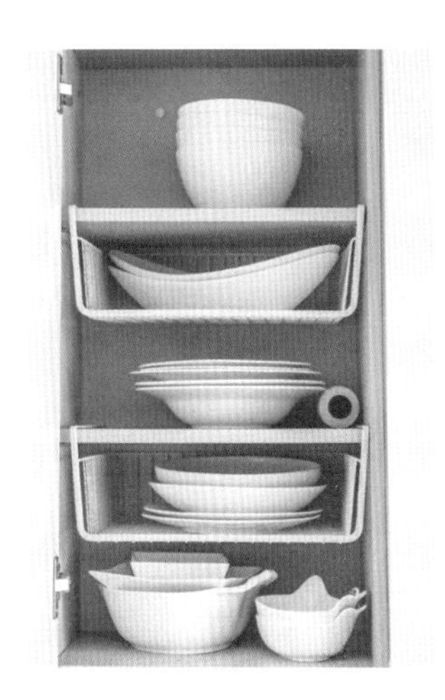

싱크대 상부장

손이 닿기 쉬운 싱크대 상부장엔 자주 사용하는 그릇을 수납한다. 자주 사용하는 접시는 나무로 된 접시 랙에 세워 보관하면 유용하다. 비슷한 종류의 그릇을 여러 장 겹쳐 놓을 때는 색을 맞춰 정리하면 깔끔해 보인다. 몇 개의 그릇을 얹어놓아도 수납 공간의 윗부분이 항상 남아 아쉬움이 남았는데, 이럴 땐 아크릴 선반을 놓거나 간이 선반을 달아보자. 그릇을 보기 좋게 쌓아 올릴 수 있고, 버려지는 공간도 충분히 활용할 수 있다.
계량컵, 미니 절구, 강판, 채칼, 레몬스퀴저 등 높이가 높아서 서랍에 넣을 수 없고, 걸어서 보관할 수 없는 주방용품은 속이 보이는 보관함에 넣어 보관한다. 유리 소재의 밀폐 용기도 싱크대 상부장에 차곡차곡 쌓아둔다. 안정적으로 겹칠 수 있는 용기들은 뚜껑을 제거하고 겹쳐서 수납하면 공간을 절약할 수 있다.

아크릴 선반 **무인양품**
반투명 수납함 **다이소**

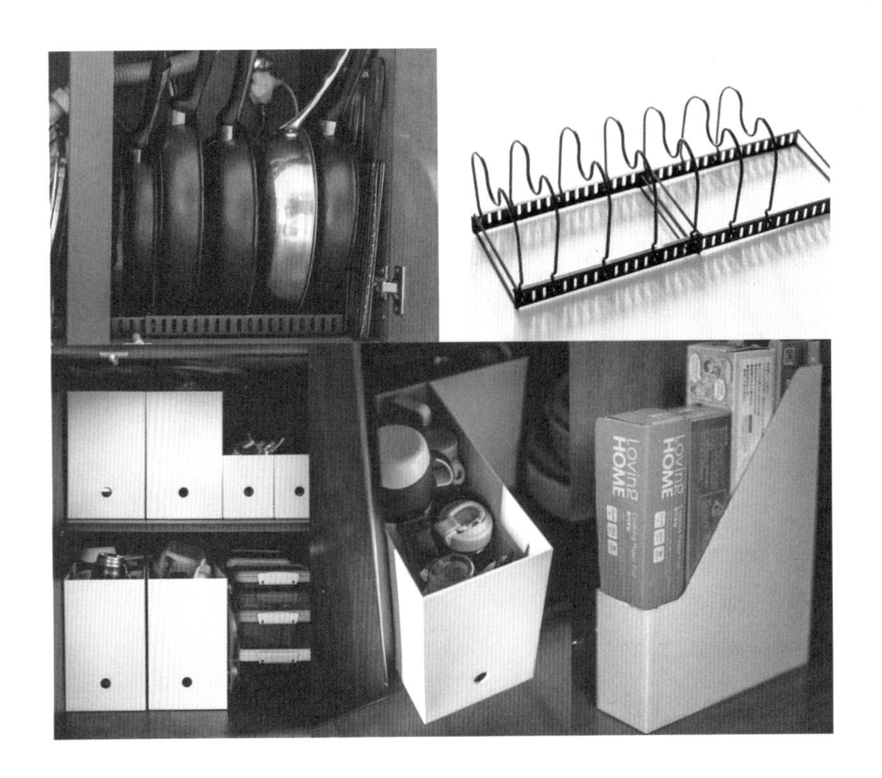

싱크대 하부장

다른 조리도구에 비해 유독 부피가 큰 프라이팬은 하부장에 세워서 수납한다. 코팅 프라이팬은 탑처럼 쌓아두면 쉽게 상한다. 가장 좋은 보관 방법은 프라이팬 정리대를 이용하는 것이다. 사이즈 확장이 가능하고 칸의 간격을 조절할 수 있어 코팅 프라이팬을 상하지 않게 세워서 보관할 수 있다.
아이 식판과 도시락 용기, 보냉병과 물병, 자잘한 베이킹 도구 등도 하부장에 보관한다. 이때 흰색 수납박스에 종류별로 나눠 수납하면 꺼내 쓰기 편리하고 단정한 느낌이 들어 기분까지 좋아진다. 랩, 쿠킹포일, 종이포일 등은 종이로 된 파일박스에 넣어 보관하고 있다. 신기하게도 맞춘 듯 딱 맞게 들어가 공간의 낭비 없이 수납이 가능하다. 넘어지거나 흔들림도 없다.

프라이팬 정리대 **한샘**
흰색 수납박스 **무인양품**, 종이 파일박스 **이케아**

주방 수납장

싱크대 바로 옆에 있는 주방 붙박이장을 채워볼까? 세세한 부분까지 자리를 정하려고 하면 오히려 정돈을 포기하기 쉽다. 수납장 선반의 층 정도로 대략의 용도를 정하고 심플하고, 깔끔한 수납함을 활용하여 정돈한다. 나는 1층엔 참치, 통조림 햄, 차 종류를 수납한다. 2층엔 캡슐커피와 원두커피를, 3층엔 과자와 음료수를 수납한다.
실온에 보관할 수 있는 식재료나 소분하고 남은 대용량 식재료는 한눈에 보기 쉽게 모아서 한 공간에 보관한다. 장을 보러 갈 때 이 보관함만 확인하면 재고를 빠르게 파악할 수 있다. 파스타면, 통조림, 병조림, 소스, 카레 등 같은 성격의 식재료끼리 나누어 반투명 수납박스에 보관한다. 내용물 확인이 가능하여 찾는 수고를 덜어준다.

흰색 수납함 **이케아**
반투명 수납박스 **실리쿡**

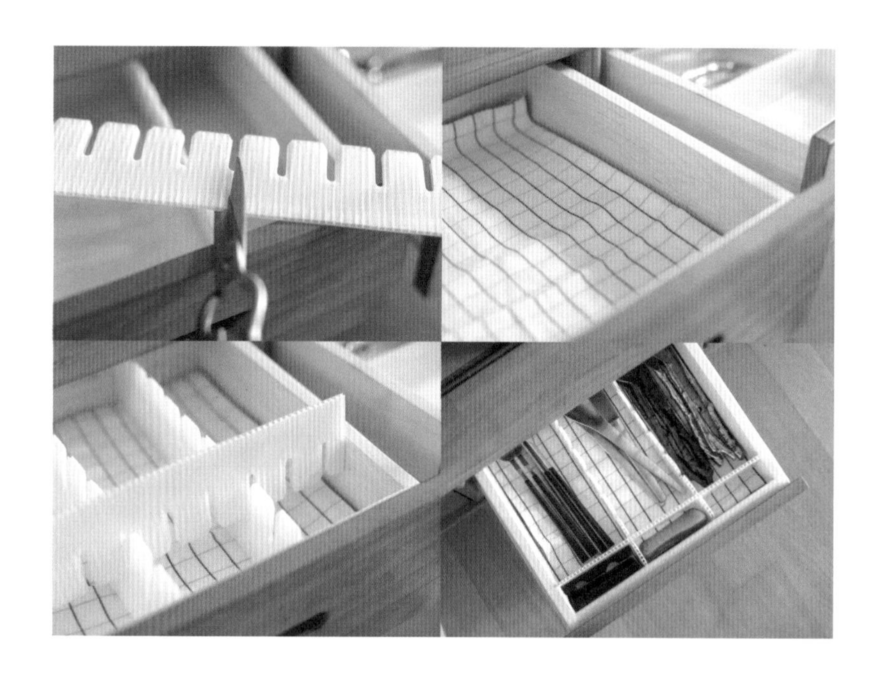

아일랜드 식탁 서랍

빌트인 된 수납 트레이에는 칼, 자주 사용하는 스테인리스 소재의 조리도구, 우드 소재의 조리도구를 수납한다. 늘 수납이 번거로운 커트러리. 우리 집 아일랜드 식탁에는 안쪽에 숨은 서랍이 하나 더 있어 이곳에 커트러리를 넣어 두었다. 서랍의 사이즈를 측정하여 수납 트레이 2개를 구입한 뒤 커트러리의 소재, 색깔, 디자인에 따라 나누어 수납했다. 커트러리를 보관할 서랍이 협소할 경우 종이로 된 칸막이를 이용해 일반 서랍의 칸을 나누는 것도 좋다. 우선 분류할 것을 생각한 다음 서랍 크기에 꼭 맞도록 종이 칸막이를 가위로 자른다. 깨끗한 키친 크로스 한 장을 바닥에 깔고 종이 칸막이를 설치한 뒤 커트러리를 종류별 또는 용도별로 나누어 보관하면 정돈되어 보인다.

대나무 멀티 트레이 **마켓비**
서랍용 종이 칸막이 **다이소**

자주 사용하는 스테인리스 냄비와 스테인리스 주방용품은 아일랜드 식탁 하단 서랍에 보관한다. 뚝배기도 따로 모아둔다. 서랍을 열 때마다 냄비가 움직일 때는 선반 매트를 깔면 단단히 고정된다. 냄비 뚜껑은 따로 나무 접시 랙에 세워서 보관한다. 뚜껑을 따로 보관하면 스테인리스 냄비를 차곡차곡 포개서 수납할 수 있다. 섞이기 쉬운 자질구레한 주방용품들은 좁고 높은 수납 용기에 종류별로 모아 담아둔다.

이리저리, 트롤리

한동안 집안의 모든 조미료를 통일된 용기에 옮겨 담는 재미에 푹 빠졌었다. 나란히 세워두면 어찌나 예쁜지. 그러나 몇 달 후 그만 지쳐버렸다. 병에 담아둔 조미료와 오일들은 담아놓기 무섭게 사라졌기 때문이다. 결국 타협점을 찾았다. 설탕, 소금, 고춧가루 같은 대용량 봉투에 들어 있는 조미료들만 사용하기 쉽게 작은 병에 옮겨 담았다. 들기름, 참기름은 방앗간에서 짜온 그대로 사용하고 각종 청과 액기스, 맛간장 등은 소스병에 옮겨 담았다. 나머지 조미료와 오일들은 사 온 그대로 사용하기로 했다. 대신 정말 맘에 쏙 드는 보관 장소를 찾았다. 바로 트롤리. 실온 보관이 가능한 조미료를 한가득 담아 놓고 여기저기 끌고 다닐 수 있다. 나는 요리 블로거이기도 하고, 요리와 관련된 업무를 제안받는 경우가 많아 매일 요리를 한다. 주방에서 하면 좋겠지만, 촬영을 해야 하는 탓에 작업실, 거실, 베란다로 이동하여 요리를 한다. 이때 트롤리가 빛을 발한다. 트롤리만 끌고 가면 어떤 조미료를 빠뜨렸는지 고민하지 않아도 된다. 요리가 끝나면 먼지가 쌓이지 않게 리넨 키친 크로스만 덮어두면 끝이다.

트롤리 **이케아**

Fridge Cooler
Pilsner Urquell
IMPORTED

냉장고,
무덤이 되거나
보물창고가 되거나

냉장고 문을 연다.
언제 사다 둔 건지 기억조차 나지 않는 시들시들한 채소,
꽝꽝 얼다 못해 미라가 된 육류, 물러가는 과일,
오래된 반찬들이 보인다. 그 순간 냉장고가 차가운 무덤으로 보였다.
모른 척 애써 돌아서도 자꾸 신경이 쓰인다. 싱싱한 모습으로
들어갔던 식재료들이 매일매일 죽어 나가는 참사를
더 이상 두고 볼 수 없었다. 냉장고 정리를 해야 했다.
신기한 건 냉장고는 조금만 정리하면 금세 보물창고로 바뀐다.
늦은 밤 야식을 뚝딱 만들어내고,
바쁠 때면 일주일은 장을 보지 않아도 거뜬한!

매일같이 바뀌는 식재료의 자리싸움 때문에
냉장고 안은 복잡해지기 쉽지만, 사실 정리법은 단순하다.
냉장실, 냉동실에 자리를 명확히 정해주는 것.
이것만 유지하면 무덤이 될 일은 없다.
냉장고 정리에 재미를 들이기 시작하면 냉장고 수납용품을
세트로 쫙 맞추고 싶어서 몸이 근질거린다.
주의할 점은 저렴하다는 이유로,
용품을 과하게 들이는 실수를 하지 않아야 한다는 것이다.
우리 집 냉장고에 맞지 않을 수도 있고,
실제로 사용해보니 불편할 수도 있다.
반드시 필요할 때마다 조금씩 구입하며 늘린다.

냉장실 수납

냉장고 정리의 가장 기본적인 규칙은 손이 닿기 쉬운 곳에 자주 먹는 음식을 넣어두는 것이다. 그래서 냉장실에는 세 번째 칸에 반찬이 있고, 냉동실의 경우 두 번째 칸에 냉동된 밥과 소분한 채소류가 들어 있다. 소분 용기의 라벨링 작업도 미루지 않는다. 냉장실에 넣는 용기에는 유통기한을 적어두고, 냉동실에는 대개 소분하여 넣어둔 날짜를 적는다.

냉장실 맨 위 칸에는 고추장, 된장 등 장류와 장아찌 등을 수납한다. 각종 소스, 잼류, 병조림은 투명한 트레이에 한데 모아둔다. 냉장고는 안쪽으로 깊어 길쭉한 모양의 트레이를 활용하면 깊숙한 곳까지 편리하게 수납할 수 있다. 두 번째 칸에는 신선도를 유지해야 하는 달걀을 보관한다. 슬라이드 선반을 달아 넣어두면 꺼내기 쉽다.

세 번째 칸에는 유통기한이 짧은 식품과 자주 먹는 반찬을 소분 용기에 담아 보관한다. 식재료를 소분할 때는 차곡차곡 안정되게 쌓을 수 있는 직사각형 또는 정사각형의 내열유리로 된 밀폐용기를 선택하면 수납이 편리하다. 조리가 필요하거나 바로 요리할 식재료는 미리 소분하여 네 번째 칸에 수납한다.

유리병 **보르미올리 피도**
투명 트레이 **모던하우스**
달걀 보관용 슬라이드 선반 **살림가게**

가장 아래 칸에는 상하기 쉬운 육류와 해산물을 보관한다. 뚜껑이 있는 스테인리스 바트나 유리 용기 등에 담아둔다.
냉장실 하단에 있는 2개의 서랍에는 과일과 채소를 각각 보관한다. 채소는 세워서 보관해야 신선도가 오래 유지된다. 씻지 않고 보관하는 잎채소는 분무기로 물을 뿌린 뒤 신문이나 키친타월에 싸서 보관한다. 과일은 지퍼백이나 랩에 싸서 보관한다. 사과는 다른 과일을 빠르게 숙성시키므로 다른 과일과 같은 봉투에 보관하지 않는다.
문쪽 맨 위 칸에는 즉석식품, 요구르트, 치즈, 유제품을 보관한다. 그 아래에는 소스, 음료, 주류를 가지런히 수납한다. 특히 맛간장, 육수, 청은 열탕 소독한 원터치 유리병에 담아 보관한다. 참기름은 냉장 보관하지 않는다. 단, 들기름은 꼭 냉장 보관할 것.

유리 소분 용기 **파이렉스, 글라스락**
투명 소분 용기 **창신리빙**

스테인리스 바트 **JAJU**
원터치 유리병 **실리쿡**

냉동실 수납

냉동실의 식재료는 언 상태로 보관하기 때문에 언제 넣어두었는지 기억이 가물가물할 때가 많다. 넣어둔 날짜를 적어 라벨링을 하면 유통기한 내에 재료를 소비하기 좋다.

냉동실 맨 위 칸에는 각종 채소, 나물 등 자주 먹는 식재료들을 1회 분량씩 소분 용기에 담아 보관한다. 이때 냉장실과 마찬가지로 길쭉한 트레이를 이용해 소분 용기를 세워서 수납하면 공간을 효율적으로 사용할 수 있다. 굵게 다진 식재료를 소분하거나 마늘 큐브, 커피 큐브를 만들 때는 아이스 트레이를 활용한다. 소량씩 사용할 때 매우 편리하다.
두 번째 칸에는 한 번 먹을 분량씩 소분한 냉동밥과 요리 재료를 수납한다. 밥은 짓자마자 내열유리로 된 용기에 담아 뜨거울 때 냉동한다. 단, 밥이 얼면서 팽창하므로 가득 채우거나 꾹꾹 눌러 담지 않는다.

소분 용기 **창신리빙**

아이스 트레이 **프리저포드, 레쿠에**
내열유리 용기 **글라스락**

세 번째 칸에는 국물용 멸치, 디포리, 잔멸치, 새우 등 건어물을 소분하여 가지런히 세워 넣는다. 이때에도 트레이에 담으면 보기 좋게 정리할 수 있다. 가장 아래 칸에는 육수를 스탠드형 지퍼백에 넣은 뒤 다소곳하게 세워 보관한다. 냉동실 서랍에는 육류나 해산물을 지퍼백에 넣어 보관한다.
고춧가루 등 가루 양념, 견과류, 곡물, 아이스팩 등은 냉동실 도어 포켓에 수납한다. 특히 견과류, 곡물, 떡국 떡 등은 긴 형태의 도어 포켓 전용 용기에 담으면 공간을 낭비 없이 사용할 수 있다.

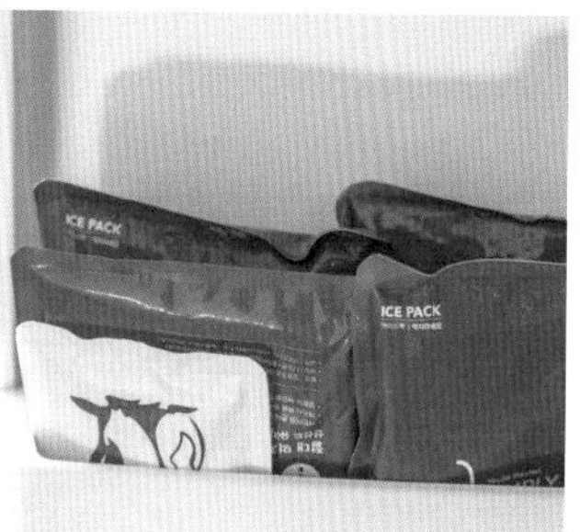

도어 포켓 전용 용기 **창신리빙**

옷장과
이불장을 열어요

이불장과 옷장 안엔 공기가 갇힌다.
습기가 안으로 모이면서 곰팡이와 벌레가 생겨
아끼는 옷과 이불을 망가뜨리기도 한다.
습도가 낮고 햇살이 깊숙이 집안으로 들어오는 날이면
이불장과 옷장을 활짝 열어두고 외출한다.
하루 종일 이불과 옷이 누구의 눈치도 보지 않고
느긋하게 일광욕을 즐길 수 있도록.
집에 돌아오면 문을 닫는다.
어떤 방충제, 방향제, 제습제를 넣어두는 것보다
왠지 더 개운하다.

이불장 정리

차렵이불, 이불 속, 패드, 이불커버, 베개커버는 구분하여 정리한다. 이불장 하단에는 무거운 구스이불 속과 차렵이불을 넣어둔다. 구스이불 속은 절대 압축하지 않는다. 개서 이불장에 넣어두는 것보다 구입할 때 받았던 전용 가방에 넣어 보관하는 편이 더 오래 사용할 수 있다. 이불장 상단 왼쪽엔 패드, 오른쪽엔 이불커버를 수납한다. 이불 사이사이에 신문지나 제습제, 방충제, 베이킹소다 한 컵 등을 넣어두면 벌레와 습기를 방지할 수 있다. 단, 신문지의 잉크가 이불에 흔적을 남길 수 있으므로 주의할 것.

베개커버 수납함 **JAJU**

옷장 수납법

옷장은 가득 채우지 않는다. 수납은 80%만 채우는 것이 기본이다. 옷걸이를 걸 수 있는 칸은 상의와 하의로 나누어 걸어둔다. 옷을 걸 때는 색상별, 형태별로 수납하거나 길이가 긴 것부터 짧은 것 순으로 걸면 찾기 수월하다. 하의는 전용 바지걸이를 이용하여 건다. 단정해 보이고, 사용하기도 쉽다. 티셔츠는 수납장에 2줄이나 3줄이 되도록 세워서 넣는다. 옷을 처음부터 단단히 개어두면 중간에서 몇 장 정도 불쑥 꺼내도 세워둔 줄이 망가지는 일은 없다. 옷을 개서 넣어둘 서랍이 부족할 경우 반투명 수납함을 활용한다. 밖에서도 내용물 확인이 가능해 쉽게 찾을 수 있다. 단, 더 깔끔한 수납을 원한다면 안이 보이지 않는 흰색 수납함을 사용하는 것이 좋다.

원목 옷걸이 **이케아**
논슬립 바지걸이 **홈앤하우스**
반투명 수납함 **한샘**

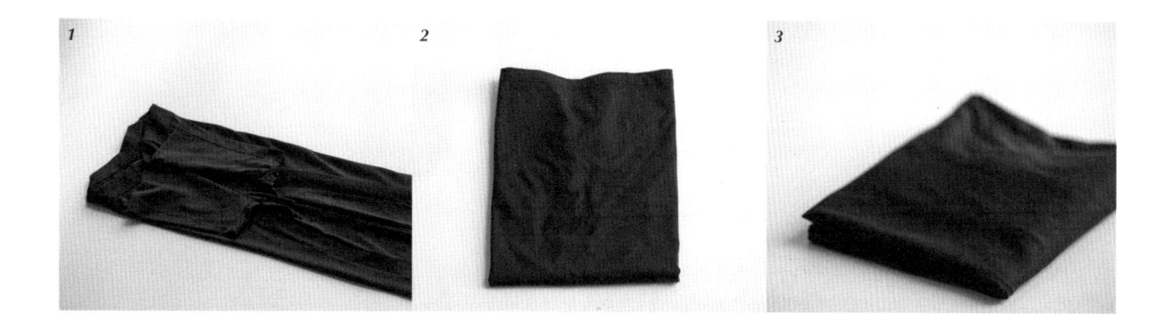

반팔 티셔츠 접는 법

1 티셔츠를 펼쳐 뒷면이 오도록 바닥에 놓는다. 어깨선을 기준으로 접거나 수납장의 폭에 맞도록 양쪽 어깨와 몸통 부분을 옷의 등판 쪽으로 접는다. 이때 소매 끝선이 최대한 망가지지 않도록 접는다.
2 옷의 아랫면을 올려 반으로 접는다.
3 다시 반으로 접는다. 서랍에 넣을 때는 깔끔한 쪽이 위로 올라오도록 수납한다.

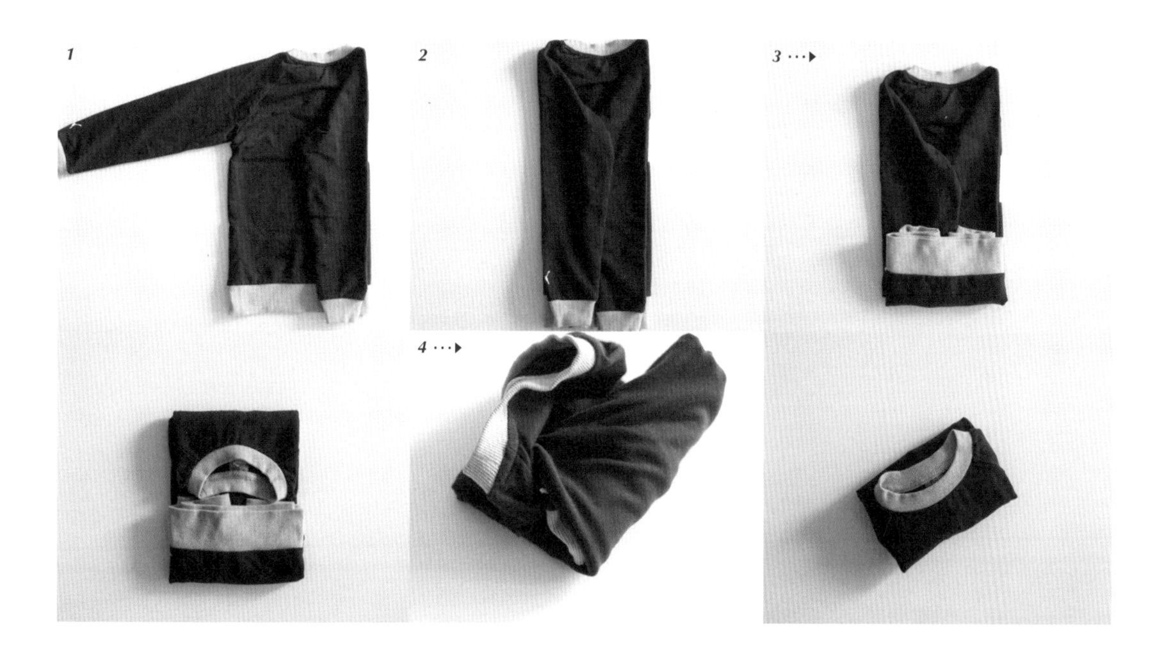

긴 팔 티셔츠 접는 법

1 티셔츠를 펼쳐 뒷면이 오도록 바닥에 놓는다. 수납장의 폭에 맞추어 한쪽 어깨와 몸통 부분을 등판 쪽으로 접고, 팔을 접은 몸통 부분과 일치하도록 내려 접는다.
2 다른 쪽 어깨와 몸통 부분도 같은 방법으로 접는다.
3 아랫면을 전체 길이의 절반 위치까지 접어 올린다. 윗면도 전체 길이의 절반 위치까지 내려 접는다.
4 다시 반으로 접는다. 이때 티셔츠 밑부분을 팔과 어깨가 접혀 있는 안쪽으로 끼워 넣는다.

Housekeeping

호텔 욕실이 부럽다면

'호텔' 하면 떠오르는 촉감이 있다.
매끄러운 살갗에 닿은 보송보송한 수건.
집에 와서도 한동안 호텔에서 경험했던 촉감을 잊지 못한다.
우리 집 수건과 어떻게 다른 걸까?
실의 굵기를 말하는 '수'. 수건에서는 수가 높을수록
좋은 수건으로 꼽는다. 보통 가정에서 사용하는 수건은 20~30수,
호텔에서는 40수 이상의 수건을 사용한다.
무게도 중요한 기준이다. 대개 가정용 수건은 120~150g,
호텔용 수건은 200g 이상이다. 더 도톰할 수밖에 없다.
크기에서도 차이가 나는데 가정용이 40×80cm 정도,
호텔 수건은 45×85cm 이상이다.
수건 한 장으로 머리에서부터 발끝까지 닦을 수 있는 이유다.
호텔처럼 도톰한 수건을 부드럽게 유지하기 위해서는
세탁, 특히 건조가 중요하다.
수건만 모아서 단독 세탁하되 10장을 넘기지 않는다.
수건이 뻣뻣하거나 냄새가 날 때는 마지막 헹굼 시
소량의 식초 또는 에센셜 오일 한두 방울을 넣는다.
수건은 삶거나 강한 직사광선 아래에서 건조하지 않는다.
뻣뻣해질 수 있다. 이렇게 하면 도톰하게 부풀어 오르는
수건을 언제든 폭신하게 사용할 수 있다.

호텔 수건 접는 법

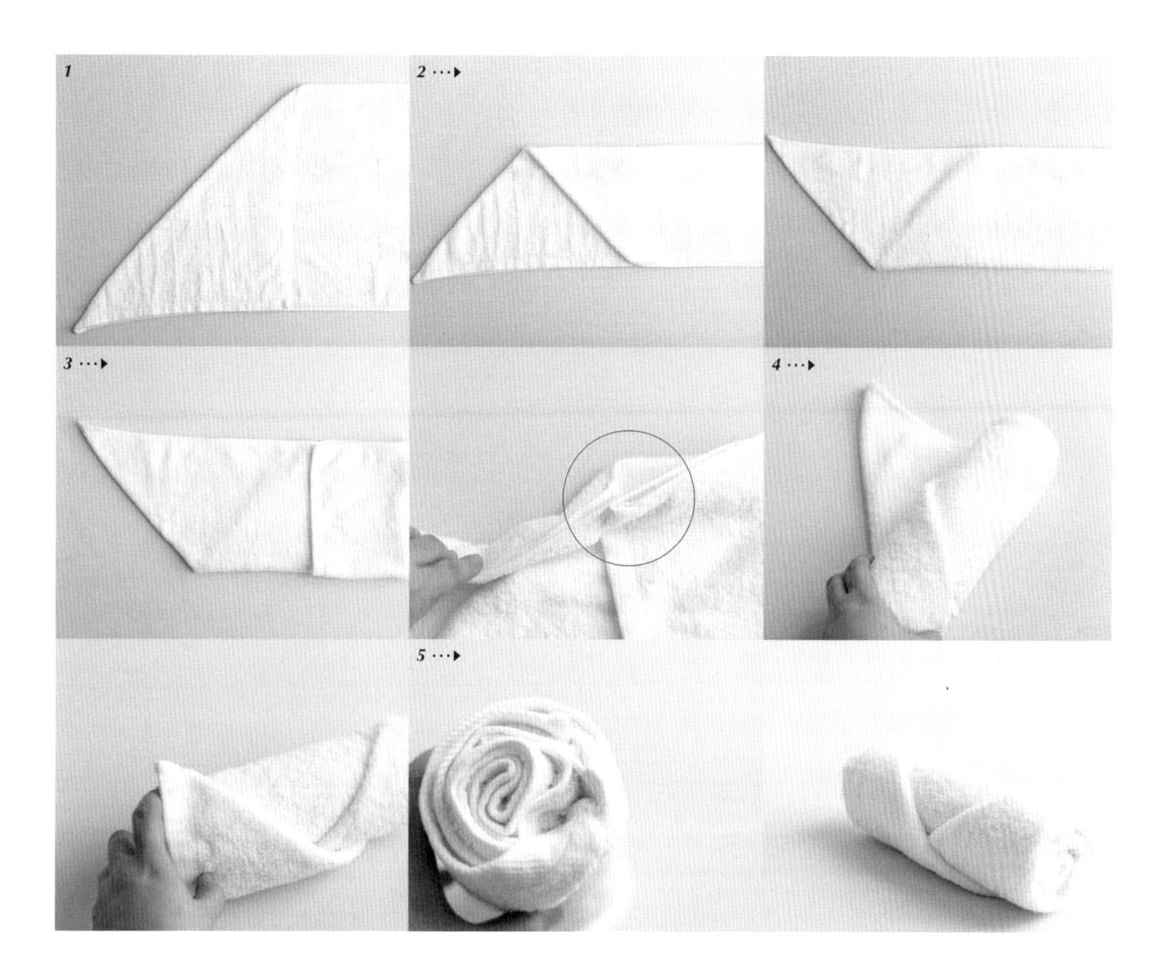

1 수건을 펼친 뒤 한쪽 모서리 끝을 잡고 삼각형이 되도록 접는다.
2 윗면을 그대로 반 접어 내린 다음 뒤집는다.
3 오른쪽 평평한 면을 전체 길이의 1/3 위치까지 접는다. 이때 접은 끝면이 아래쪽 면의 접힌 부분과 닿을 정도까지만 접는다.
4 평평한 면부터 삼각형 끝 지점까지 수건을 돌돌 만다.
5 남은 모서리 끝부분은 돌돌 말면서 생긴 틈으로 밀어 넣는다.

정리 상자,j
물건들을 위한 임시 대피소

우리 집엔 정리 상자가 있다. 많은 물건이 드나든다.
짝이 맞지 않는 양말과 짝을 잃은 장갑을 비롯해
어디에 넣어야 할지 고민되는 물건,
내게 필요한지 확신이 서지 않는 물건,
정리 과도기에 있는 물건, 버려야 하지만 버리지 못하는 물건 등.
처음엔 제 갈 길을 못 찾은 물품들이 잠깐씩 머무는
임시 보관소였다. 하지만 이제 정리 상자는
무작정 버리는 '비움'을 잠시 유예시켜줌과 동시에
필요하지 않은 물건을 사들이는 '채움'을 고민하게 한다.
집을 너저분하게 하는 것들을 모두 쓸어 담아
집이 어수선해지는 것을 막고, 실핀 하나도 쉽게 버리지 못하는
나를 대신해 이것저것 품고 있다가 홀가분하게 버릴 수 있도록
돕는다. 나는 드디어 비움에 의미를 부여하거나
핑계 댈 수 있는 존재를 찾았다. 언젠가는 쓸모 있을 물건,
당장은 쓸모없는 물건, 영원히 쓸모없을 물건들이 이곳에 숨는다.
오늘도 나는 고민한다.

라탄 수납함 **마켓비**

Cleaning

닦고 또 닦고_ 청소

매일
새집처럼

청소에도 골든타임이 있다.
샤워부스의 물방울이 그대로 남아 있던 날, 근처에 있던 스퀴즈로
슬쩍 밀었을 뿐인데 비누칠 한번 없이 샤워부스가 매끈해졌다.
주방에서 요리를 막 끝낸 날도 그랬다.
키친타월을 버리려다가 가스레인지 주변을 가볍게 훔쳤는데
마치 청소를 한 것처럼 깨끗해졌다.
청소가 일이 되기 전에, 일이 아닌 습관처럼 관리해볼까?

사실 청소는 끝이 없다. 마음먹고 하루를 쏟아도
집을 완벽하게 청소하는 건 불가능하다.
최소한의 노력으로, 매일 새집처럼 개운하게 지내고 싶다.
힘을 들이기 전에 끝나버리는 가벼운 청소를 매일 해보는 건 어떨까.
주방의 경우 시간과 품을 들여야 하는 청소도
조리대의 열기가 식기 전에 닦으면 뜨거운 물에 적신 행주 하나로
세제 없이 1분 만에 반짝반짝하게 만들 수 있다.
대신 꼼꼼하게 하는 청소는 우선순위를 정해
시간을 들여 차근차근 해나간다. 덕분에 내가 좋아하는 곳은 조금 더 자주,
별로 거슬리지 않는 곳은 느긋한 주기로 청소하고 있다.
청소 스트레스가 줄어드니 기쁘다. 사실은 적은 노력으로
'힘든 살림'이 되지 않는다는 게 더욱 반갑다.

청소 도구함 **JAJU**

살림 도우미,
천연 세제 4총사

베이킹소다, 과탄산소다, 세스퀴탄산소다, 구연산,
내가 애정하는 천연 세제 4총사.

나는 천연 세제가 좋다. 합성 세제는 누가 더 쉽고 빠르게,
때 빼고 광낼 수 있는지 겨루는 화학물질의 경연장 같기에.
'천연'이라는 단어가 믿음직스러웠던 나는 안심하고 마음대로 사용했다.
주방 세제와 베이킹소다, 구연산, 물을 섞어 만능 세제를 만들어 썼다.
환기는커녕 고무장갑도 끼지 않았다.
얼마나 위험한지도 모르고.

천연 세제를 안전하게 잘 사용하려면 먼저 세제에 대해 알아야 한다.
어떤 소재에 사용하면 오히려 독이 되는지, 섞어서 사용하면
안 되는 조합은 무엇인지, 보관은 어떻게 해야 하는지 등.
산성, 중성, 알칼리성을 이해하면 천연 세제를 사용하기도 수월해진다.
'pH7'을 중성이라고 한다. 이보다 낮으면 산성, 이보다 높으면 알칼리성이다.
베이킹소다(pH8.5), 세스퀴탄산소다(pH9.8),
과탄산소다(pH10.5)는 알칼리성이고, 구연산(pH2.3)은 산성이다.
오염의 원인이 기름때, 음식물 찌꺼기, 땀 얼룩 등 산성이라면
알칼리성 세제를 사용해야 한다. 오염의 원인이 물때, 비누때, 암모니아 등
알칼리성이라면 산성 세제를 사용해야
세정력과 살균력 등의 효과를 기대할 수 있다.

베이킹소다

가장 대표적인 천연 세제로 약알칼리성(pH8.5)이다. 세정력과 살균력이 약한 편이라 피부에 자극이 없다. 탄 냄비나 눌어붙은 팬은 베이킹소다를 뿌려두었다가 수세미로 문질러 닦아내면 쉽게 세척할 수 있다. 공병에 베이킹소다를 담아 냉장고나 신발장에 넣어두면 악취와 습기도 제거할 수 있다. 세탁하기 어려운 러그나 매트리스 청소에도 베이킹소다는 아주 효과적이다. 베이킹소다를 골고루 뿌려 30분에서 몇 시간 정도 그대로 방치한 뒤 청소기로 빨아들이면 깔끔하게 청소된다.
단, 스크래치가 나기 쉬운 가구와 가전제품, 대리석 제품에는 사용하지 않는다. 알루미늄, 동, 놋쇠 등 스테인리스를 제외한 금속에 사용할 때도 주의한다.

과탄산소다

찬물에서는 녹지 않으며 40도 이상의 따뜻한 물에서 반응하는 천연 세제. 표백 기능과 살균력이 뛰어나 세탁조 청소에 효과적이다. 세탁기에 40도 이상의 온수를 가득 받은 뒤 과탄산소다 500g~1kg 정도를 천천히 붓는다. 세탁기를 몇 분 돌리다 3시간 이상 그대로 방치하여 불린다. 둥둥 떠오른 찌꺼기는 건져내고 통세척 모드로 여러 번 헹구며 세탁수를 배출하면 묵은 때가 말끔히 씻겨 나간다. 단점은 폭발의 위험이 있어 밀폐 용기나 금속 용기에 넣어두지 않아야 한다. 단백질을 녹이는 성분이 있어 고무장갑을 끼고 사용하며, 사용하기 직전에 물에 풀어 사용한다. 분무기에 넣어 사용하지 말 것.

세스퀴탄산소다

일본에서 큰 인기를 얻고 있는 천연 세제. 베이킹소다보다 세정력이 좋으며 물에 잘 녹는 편이다. 주방의 기름때, 욕실과 변기의 물때, 옷에 묻은 가벼운 정도의 오염 등 일상적인 산성 오염에 가볍게 사용하기 좋다. 물 500ml에 세스퀴탄산소다 5~10g 정도를 녹인 뒤 분무기에 담아 사용한다. 단, 심한 얼룩이나 기름때에는 효과가 크지 않다. 나무 소재나 황마 소재, 스테인리스를 제외한 알루미늄 금속에는 사용하지 않는다.

구연산

물에 잘 녹는 편이며, 주방 청소의 마무리나 물때가 발생하기 쉬운 곳에 사용하기 적합하다. 미지근한 물 200ml에 구연산 10g을 넣어 잘 저어주면 5% 구연산수가 완성된다. 농도를 달리하여 물 200ml에 구연산 4g을 넣으면 2% 구연산수를 만들 수 있다. 냉장고 청소, 욕실 거울의 물때 제거는 물론 하얗게 남아 있는 전기포트 속 물때 제거에도 아주 효과적이다. 전기포트에 물을 가득 담고 구연산 5g을 넣은 뒤 팔팔 끓인다. 20분 정도 그대로 두었다가 물을 버린다. 깨끗한 물을 가득 담고 1~2회 더 끓이면 깔끔하게 제거된다. 사용 시 주의할 점은 구연산은 산성이므로 반드시 고무장갑을 착용해야 하며, 환기는 필수다. 대리석이나 금속성 제품에는 사용하지 않는다.

주방
청소

좀 쉬고 싶어도 티가 나니 몸을 움직일 수밖에 없다.
주방 청소는 유난히 더 그렇다. 하루만 게을리해도
다음 날 아침에 만나는 부엌은 따스한 미소를 띤 다정한 얼굴이 아니다.
좀 꼬질꼬질하고 초라한 얼굴이다. 가스레인지, 싱크볼, 수전, 주방 후드,
싱크대 대리석 상판은 반짝임을 잃고 얼룩을 얻는다.
끈적거림도 자기 자리인 양 여기저기 자리 잡는다.
하루의 시작점이 어긋나는 것 같다.
이때 필요한 건 구연산수(p419)와 세스퀴탄산소다수(p419).
그리고 힘센 팔.
주방 청소를 시작해볼까?

세스퀴탄산소다수로 산성 오염을,
구연산수로 알칼리성 오염을 닦아보자.
청소는 언제나 위에서 아래로.

싱크대 상부장, 주방 후드, 벽타일, 가스레인지,
오븐 손잡이 그리고 싱크볼과 배수구까지 구석구석
세스퀴탄산소다수를 뿌린다.
시간이 조금 지나면 기름때가 벗겨지는 것을 볼 수 있다.
극세사 행주 한 장을 뜨거운 물에 여러 번 빨아가며 기름때를
말끔히 닦아낸다. 가스레인지 상판에 오래된 기름때가 많다면
논스크래치 스펀지로 쓱쓱 문지른다.
극세사 행주로 성분이 남지 않게 닦아낸 뒤
얼룩이 남지 않도록 마른 극세사 행주로 남은 물기를 훔치면 끝.
지문이 가득했던 싱크대 문짝은 단정해지고 얼룩덜룩했던
주방 후드는 빛을 내기 시작한다. 기름때를 벗은 싱크대 상판과
더 이상 끈적이지 않는 오븐 손잡이도 만날 수 있다.

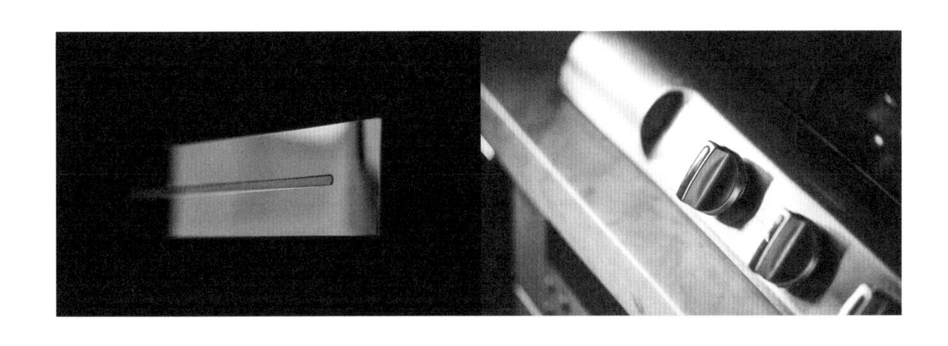

냉장고
청소

어렸을 때 나는 냉동실에 식재료를 넣어두면
몇 년쯤은 거뜬할 거라고,
어쩌면 평생 보관할 수 있을지 모른다고 생각했다.
그땐 냉장고가 위대해 보였다.

사실 냉장 보관, 냉동 보관의 기한은 생각보다 짧다.
냉장고와 냉동실의 위생 역시 안심할 수 없다.
냉장실은 생각날 때마다 자주, 냉동실은 그보다 좀 쉬엄쉬엄 청소가
필요하다. 그래야 가족의 건강에도,
식재료의 신선도에도 도움이 된다.
그럼 청소를 시작해볼까?

냉장고 대청소를 하는 날엔 웬만하면 코드를 뽑아둔다.
그리고 냉장고에 있는 재료들을 모두 꺼낸다.
꺼내면서 유통기한이 지났거나 언제 만들었는지 기억도 나지 않는 반찬,
먹으면 죽을 것 같은 식재료들은 모두 버린다.
냉장고 선반과 서랍을 분리하여 뜨거운 물을 받아
세제를 풀어둔 싱크대에 넣는다.

냉장고 청소는 문짝 먼저, 그리고 위에서 아래로 진행한다.
따뜻한 물에 베이킹소다를 풀어 녹인 뒤 논스크래치 스펀지에 적셔
냉장고 안을 구석구석 문질러 닦는다. 극세사 행주를
뜨거운 물에 적셔 남은 베이킹소다 성분을 여러 번에 걸쳐 닦아낸다.
행주를 헹굴 때도 뜨거운 물에서 헹군다. 5% 구연산수(p419)를 만들어
골고루 뿌린다. 마른 극세사 행주로 냉장고 선반의 물기를 꼼꼼하게 닦아낸다.
냉장고 고무패킹은 세스퀴탄산소다수(p419)를 묻힌
면봉으로 청소한 다음 마른 면봉으로 깨끗하게 닦아낸다.
냉장고 외관과 손잡이에도 세스퀴탄산소다수를 뿌린 뒤
뜨거운 물에 적신 극세사 행주로 닦아낸다.
2% 구연산수를 뿌리고 마른 극세사 행주로 마무리한다.

열탕
소독하는 날

몸과 마음이 찌뿌드드한 날이면 열탕 소독을 한다.
그러면 금세 후텁지근한 공기를 타고
내 몸도 마음도 한결 개운해진다.
따끈따끈한 유리병 속을 얼른 가득 채울 생각만으로도
기분이 좋아진다.

과일청이나 저장 음식을 담을 때마다
가장 먼저 하는 필수 과정. 바로 유리병 열탕 소독이다.
살균 과정을 제대로 거치지 않으면
음식에 곰팡이가 생기거나 쉽게 상할 수 있기 때문이다.
종종 전자레인지에 돌려도 된다는 이야기를 듣곤 하지만,
이 방법은 병 속에 있을지 모를 식중독균까지는
없애지 못한다고 하니 늘 열탕 소독을 택하게 된다.
우리 가족이 먹을 거니까,
가장 안전하고 확실한 방법이 좋겠지.

열탕 소독하기

별것 아닌데 기분까지 상쾌해지는 유리병 소독 시간이다. 뽀득뽀득하게 유리병을 소독하려면 반드시 기억해야 할 것이 있다. 언제나 찬물에서 시작해야 한다는 것. 그리고 5분이 딱 적당하다는 것.

1 손을 먼저 깨끗하게 씻는다. 유리병도 주방 세제나 베이킹소다를 이용해 깨끗하게 세척한다.

2 밑이 넓은 큰 냄비(잼팟 추천)에 깨끗하게 삶은 행주나 면포를 깔고 찬물을 붓는다. 바닥에 면포를 깔면 유리병이 끓으면서 냄비 바닥과 부딪혀 깨지는 것을 막을 수 있다. 없으면 깔지 않아도 좋다.

3 유리병의 입구가 냄비 바닥으로 향하도록 넣고 중불에서 끓인다. 유리병은 끓는 물에 넣으면 내열유리가 아닌 이상 바로 금이 가거나 터질 수 있다. 반드시 찬물에 넣고 끓인다.

4 서서히 물의 온도가 올라가면 유리병 안에 물방울이 맺히기 시작한다. 물이 보글보글 끓기 시작하면 5분 더 끓인 뒤 불을 끈다.

5 냄비에서 유리병을 꺼내 엎어두지 말고 그대로 세워서 자연 건조한다. 남은 뜨거운 물에 분리한 부속품과 뚜껑을 넣어 잠시 담갔다가 꺼낸다. 물방울이 하나도 남지 않게 바짝 건조한 후 음식을 담는다.

tip. 부속품이 실리콘 소재라면 물이 끓을 때 잠시 담갔다가 꺼내고, 알루미늄 소재라면 깨끗하게 씻은 뒤 뜨거운 물을 한 번 부어 소독하는 것이 좋아요.

1
2
3
4
5

욕실 청소는
미니 빗자루 하나, 스퀴즈 하나

집안 대청소를 하는 날.
가장 마지막 청소 구역은 욕실이다.
걸레를 빨고 빗자루를 털고, 집안의 온갖 먼지와 더러움을
모두 받아주고 난 뒤에야 욕실은 깨끗해질 준비를 한다.
욕실 청소는 늘 뜨겁고 축축하게 시작했다가
차갑고 건조하게 끝낸다.
그리고 미니 빗자루와 스퀴즈 두 개의 도구만 있으면
욕실은 한결같이 단정해진다.

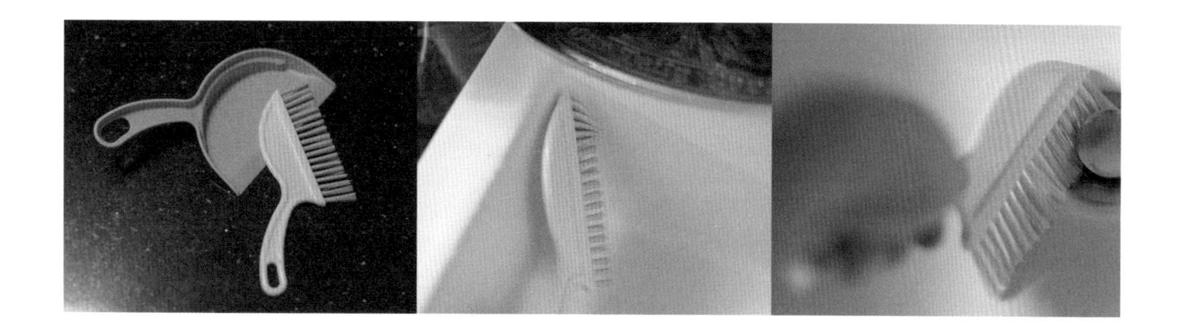

미니 빗자루

세면대 아래, 보이지 않는 구석에 천 원짜리 미니 빗자루를 숨겨두었다. 욕실 위에 아무렇게나 쌓이기 쉬운 화장솜, 면봉, 머리카락과 먼지 등 온갖 잡다한 것들을 쓸어 담는 용도로 사용하는데, 사실 빗자루의 가장 큰 임무는 세면대 청소다.
이를 닦으면서 한 손엔 미니 빗자루를 쥐고 바삐 움직인다. 수전, 배수구, 굴곡진 세면대 구석구석을 문지른다. 깨끗하게 닦고 싶을 땐 5% 구연산수(p419)를 뿌려 닦아내지만, 평소엔 굳이 세제를 사용하지 않아도 된다. 세면대에 뜨거운 물을 뿌린다. 수전의 남은 물기는 극세사 행주나 사용한 수건으로 가볍게 닦는다. 덕분에 수전은 늘 반짝거린다. 청소를 좋아하지 않는 나는 칫솔로 이를 닦는 동안 늘 미니 빗자루로 세면대를 닦는다. 욕실과 내가 함께 깨끗해진다.

미니 빗자루 세트 **다이소**

스퀴즈

스퀴즈의 자리는 샤워부스 안쪽이다. 샤워를 마치면 구연산수를 분무기에 담아서 뿌리거나, 논스크래치 스펀지에 세정제를 묻혀 샤워부스 유리를 가볍게 닦는다. 샤워기로 뜨거운 물을 뿌려 거품을 쓸어내리고 스퀴즈로 남은 물기를 밀어낸다. 들어갈 때보다 더 깨끗한 샤워부스가 된다.
샤워하는 동안 욕실 거울에는 촉촉한 습기가 가득 찬다. 거울을 즐겁게 스퀴즈로 밀어준다. 먼지가 구정물이 되어 세면대 위에 뚝뚝 흐른다. 욕실 전체 청소를 게을리해도 스퀴즈만 있으면 욕실은 늘 반짝거린다.

스퀴즈 **이케아**

이제, 본격적으로 욕실 청소를 해볼까?
모든 청소가 그러하듯이 욕실 청소도 위에서 아래,
안쪽에서 바깥쪽, 오염이 약한 곳에서 심한 곳으로 진행한다.

1 욕실용품을 모두 꺼내 밖으로 치운다.
2 조명, 환풍기, 천장에 쌓인 먼지를 먼지떨이로 털어낸다.
3 샤워기로 욕실 전체에 뜨거운 물을 뿌린다.
4 찌든 때가 앉은 곳에는 미리 세정제를 뿌려 불린다. 물때, 곰팡이, 암모니아 자국이 있는 곳엔 구연산수(p000)를 뿌린다. 휴지걸이, 수건걸이, 욕조와 변기에는 세스퀴탄산소다수(p000)를 뿌려둔다.
5 벽타일은 세스퀴탄산소다수를 뿌리거나 중성 세제로 거품을 낸 뒤 청소용 솔로 닦는다.
6 거울과 샤워부스, 샤워헤드에는 구연산수를 뿌리고 논스크래치 스펀지로 문질러 닦는다. 뜨거운 물을 끼얹은 다음 물기는 스퀴즈로 밀어내고, 얼룩이 남은 부분은 마른 극세사 행주로 닦는다.
7 세스퀴탄산소다수를 미리 뿌려둔 휴지걸이, 수건걸이, 세면대 근처의 벽과 수납공간, 욕조와 변기를 논스크래치 스펀지로 문질러 닦는다. 세면대가 천연 대리석일 경우에는 구연산수를 절대 사용하지 않는다.
8 걸레를 빨거나 세면대의 물을 사용해야 하는 일이 끝나면 세면대와 수도꼭지에 세스퀴탄산소다수를 뿌려 닦는다.
9 마지막으로 청소할 곳은 바닥이다. 욕실 바닥과 배수구에 세스퀴탄산소다수를 뿌린 뒤 타일 줄눈 사이사이를 솔로 문질러 닦는다. 타일 줄눈에 찌든 때나 곰팡이가 심하게 낀 경우 치약을 발라두었다가 몇 시간 뒤 씻어낸다. 또는 뜨거운 물을 바닥 전체에 뿌리고 과탄산소다를 줄눈 사이에 뿌려 솔로 문질러 두었다가 30분 뒤 뜨거운 물과 함께 솔로 문질러 닦아낸다.
10 이미 물기를 닦아둔 샤워부스와 거울을 제외하고 욕실 전체에 구연산수를 뿌린다.
11 차가운 물로 구연산수를 헹구고 스퀴즈로 벽과 바닥의 물기를 제거한다. 자국이 남지 않도록 남은 물기는 마른 극세사 행주로 닦아낸다.

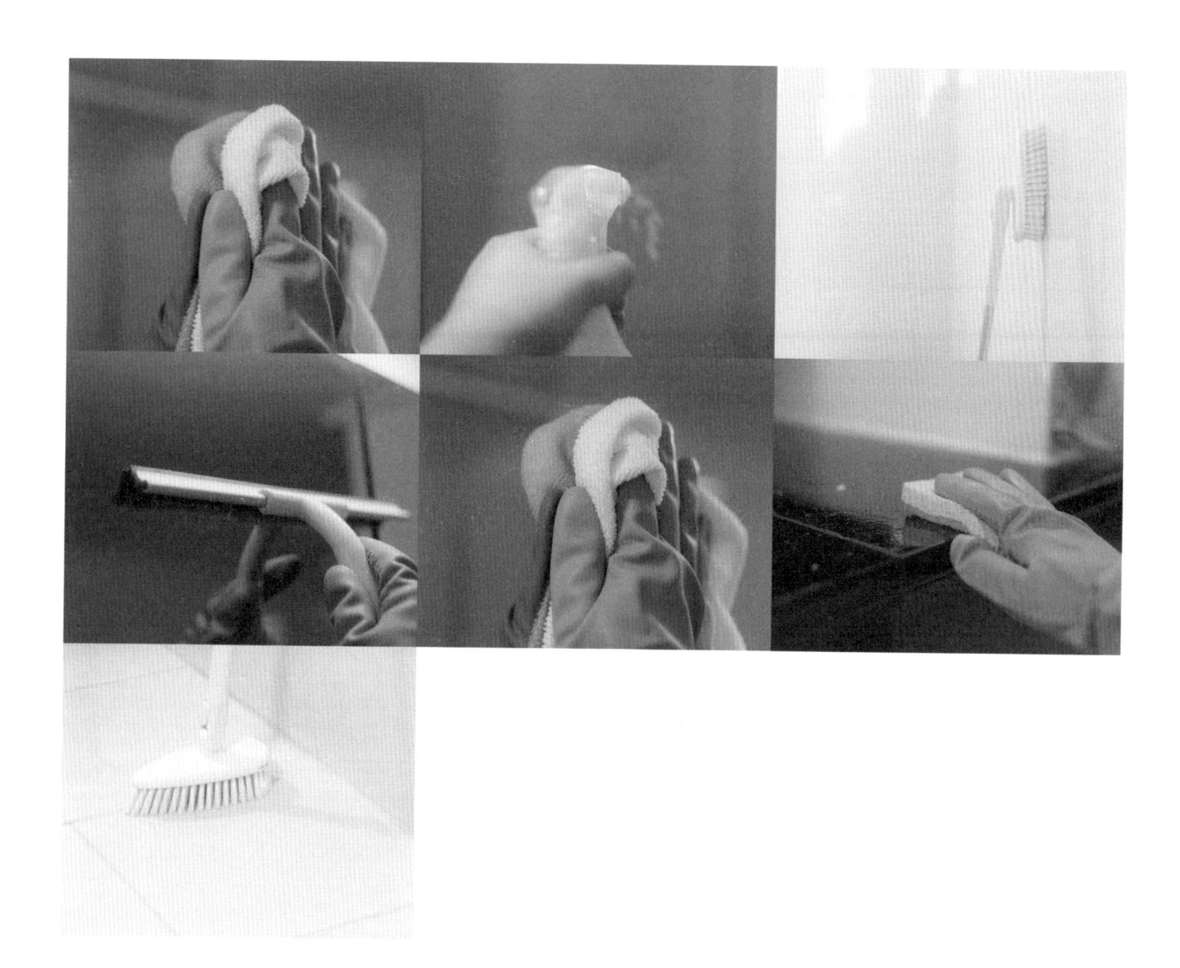

빨래를
해야겠어요

세탁기가 빨래를 한다.
한 시간쯤 지났을까. 으스대는 멜로디가 흘러나오면
차갑고 축축한 것들을 세탁 바구니에 가득 밀어 넣고
베란다로 향한다. 한 몸인 듯 야무지게 엉킨
빨래 하나를 끄집어내 사정없이 탈탈 턴다.
햇볕 한가운데 펼친 작은 빨래건조대에 넌다.
순간 따뜻하고 포근한 숨결이 닿는다.
찰나의 소확행이다.

미니 빨래건조대 **하우스레시피 바이홈**

한 번씩 듣는 질문. "세탁 바구니, 어디 거예요?"
세탁 바구니가 굳이 예쁠 필요는 없다고 생각했는데, 예쁘니까 좋다.
기능에만 충실하던 하얀 싸구려 플라스틱 바구니를 버렸던 날,
날아갈 것 같았다. 아름다운 물건이 생활에 스며들 때 주는
충만한 감정들이 있는데, 이 세탁 바구니가 바로 그렇다.
정갈한 분위기를 눈으로 더듬게 된다.
세탁을 하는 내 일상도 덩달아 정갈해지는 느낌이다.

예쁜 가방 같아서 손에 들고 다니는 것도 행복하고
엉킨 빨래를 하나씩 끌어내 탈탈 털어 층층마다 넣는 것도 신난다.
2단이라서 수건과 옷, 어른 옷과 아이 옷,
하얀 옷과 색깔 옷을 구분할 때도 편하다.

"담아, 엄마 빨래 좀" 하고 부탁하면 아이는 좋아서
어쩔 줄 모르는 표정으로 달려온다.
물기를 머금어 묵직한 빨래들을 번쩍 들고 베란다로 간다.
담이도 좋아하는 세탁 바구니다.

토스카 2단 세탁 바구니 트롤리 **와후재팬**

시월의 담。 살림북

펴낸날 초판 1쇄 2018년 11월 1일

지은이 김홍덕

펴낸이 임호준
편집장 김소중
책임 편집 장문정 | **편집 2팀** 김수연
디자인 왕윤경 김효숙 정윤경 | **마케팅** 정영주 길보민 김혜민
경영지원 나은혜 박석호 | **IT 운영팀** 표형원 이용직 김준홍 권지선

인쇄 (주)웰컴피앤피

펴낸곳 비타북스 | **발행처** (주)헬스조선 | **출판등록** 제2-4324호 2006년 1월 12일
주소 서울특별시 중구 세종대로 21길 30 | **전화** (02) 724-7637 | **팩스** (02) 722-9339
포스트 post.naver.com/vita_books | **블로그** blog.naver.com/vita_books | **인스타그램** @vitabooks_official

ISBN 979-11-5846-264-2 13590

• 이 도서의 국립중앙도서관 출판예정도서목록(CIP)은 서지정보유통지원시스템 홈페이지(http://seoji.nl.go.kr)와
국가자료공동목록시스템(http://www.nl.go.kr/kolisnet)에서 이용하실 수 있습니다. (CIP제어번호: CIP2018033642)

• 비타북스는 독자 여러분의 책에 대한 아이디어와 원고 투고를 기다리고 있습니다.
책 출간을 원하시는 분은 이메일 vbook@chosun.com으로 간단한 개요와 취지, 연락처 등을 보내주세요.

비타북스는 건강한 몸과 아름다운 삶을 생각하는 (주)헬스조선의 출판 브랜드입니다.